제제
수학

3-1

서사원주니어

수학을 잘하고 싶은 어린이 모여라!

안녕하세요, 어린이 여러분?

선생님은 초등학교에서 학생들을 가르치면서, 수학을 잘하고 싶지만 어려워하는 어린이들을 많이 만났어요. 그래서 여러분이 혼자서도 수학을 잘할 수 있도록, 개념을 쉽게 알려 주는 문제집을 만들었어요.

여러분, 계단을 올라가 본 적이 있지요? 계단을 한 칸 한 칸 올라가다 보면 어느새 한 층을 다 올라가 있듯, 수학 공부도 똑같아요. 매일매일 조금씩 공부하다 보면 어느새 나도 모르게 수학 실력이 쑥쑥 올라가게 될 거예요.

선생님이 만든 '제제수학'은 수학 교과서처럼 한 단계씩 차근차근 공부할 수 있어요. 개념을 이해하게 도와주는 쉬운 문제부터 천천히 공부할 수 있도록 구성했으니, 수학 진도에 맞춰서 제대로, 그리고 꾸준히 공부해 보세요.

하루하루의 노력이 모여 여러분의 수학 실력을 단단하게 만들어 줄 거예요.

-권오훈, 이세나 선생님이

이 책의 구성과 활용법

step 1 단원 내용 공부하기

▶ 학교 진도에 맞춰 단원 내용을 공부해요.
▶ 각 차시별 핵심 정리를 읽고 중요한 개념을 확인한 후 문제를 풀어요.

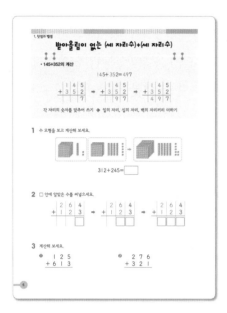

step 2 연습 문제
계산력을 키워요.

▶ 단원의 모든 내용을 공부하고 난 뒤에 계산 연습을 해요.
▶ 계산 연습을 할 때에는 집중하여 정확하게 계산하는 태도가 중요해요.
▶ 정확하게 계산을 잘하게 되면 빠르게 계산하는 연습을 해 보세요.

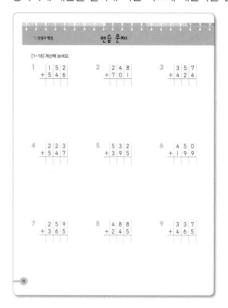

step 3 단원 평가
배운 내용을 확인해요.

▶ 잘 이해했는지 확인해 보고, 배운 내용을 정리해요.
▶ 문제를 풀다가 어려운 내용이 있다면 한번 더 공부해 보세요.

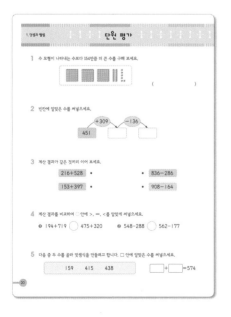

step 4 실력 키우기
응용력을 키워요.

▶ 생활 속 문제를 해결하는 힘을 길러요.
▶ 서술형 문제를 풀 때에는 문제를 꼼꼼하게 읽어야 해요.
식을 세우고 문제를 푸는 연습을 하며 실력을 키워 보세요.

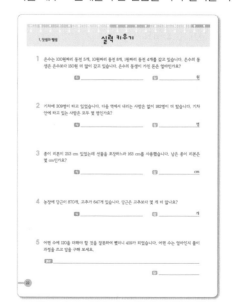

차례

1. 덧셈과 뺄셈

- 받아올림이 없는 (세 자리 수) + (세 자리 수)

- 받아올림이 한 번 있는 (세 자리 수) + (세 자리 수)

- 받아올림이 여러 번 있는 (세 자리 수) + (세 자리 수)

- 받아내림이 없는 (세 자리 수) − (세 자리 수)

- 받아내림이 한 번 있는 (세 자리 수) − (세 자리 수)

- 받아내림이 두 번 있는 (세 자리 수) − (세 자리 수)

받아올림이 없는 (세 자리수)+(세 자리수)

• 145+352의 계산

$$145+352=497$$

	1	4	5
+	3	5	2
			7

➡

	1	4	5
+	3	5	2
		9	7

➡

	1	4	5
+	3	5	2
	4	9	7

각 자리의 숫자를 맞추어 쓰기 ➡ 일의 자리, 십의 자리, 백의 자리끼리 더하기

1 수 모형을 보고 계산해 보세요.

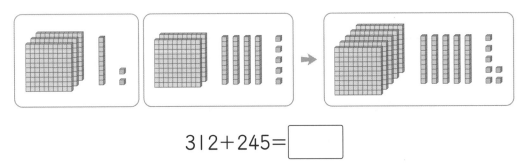

$$312+245=\boxed{}$$

2 □ 안에 알맞은 수를 써넣으세요.

	2	6	4
+	1	2	3
			□

➡

	2	6	4
+	1	2	3
		□	□

➡

	2	6	4
+	1	2	3
	□	□	□

3 계산해 보세요.

❶
	1	2	5
+	6	1	3

❷
	2	7	6
+	3	2	1

4 빈칸에 알맞은 수를 써넣으세요.

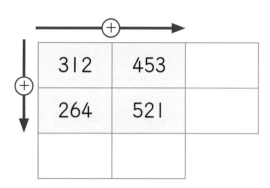

5 계산 결과를 비교하여 ○ 안에 >, =, <를 알맞게 써넣으세요.

❶ 234+335 ◯ 420+372　　　❷ 350+312 ◯ 452+122

6 어느 과일 가게에 사과가 235개, 감이 304개 있습니다. 사과와 감은 모두 몇 개인가요?

식 ☐ + ☐ = ☐　　　답 _____ 개

7 가장 큰 수와 가장 작은 수의 합을 구해 보세요.

422	523	156	242	313

❶ 가장 큰 수 (　　　　　　　　　　)　　❷ 가장 작은 수 (　　　　　　　　　　)

❸ 두 수의 합 구하기

식 _____　　　답 _____

받아올림이 한 번 있는 (세 자리 수)+(세 자리 수)

• 234+737의 계산

$$234+737=971$$

일의 자리에서 받아올림한 수

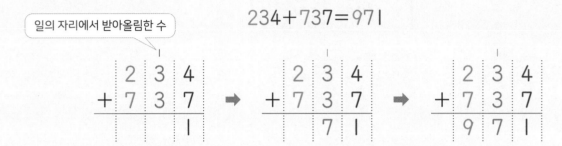

각 자리의 숫자를 맞추어 쓰기 ➡ 일의 자리부터 차례로 더하기

일의 자리 수끼리의 합이 10이거나 10보다 크면 십의 자리로 받아올림하여 계산합니다.

1 수 모형을 보고 계산해 보세요.

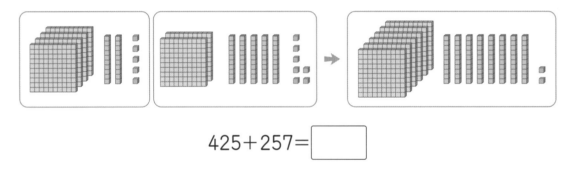

$$425+257=\boxed{}$$

2 □ 안에 알맞은 수를 써넣으세요.

```
    3 4 5          3 4 5          3 4 5
  + 2 3 9    ➡   + 2 3 9    ➡   + 2 3 9
        □            □ □          □ □ □
```

3 계산해 보세요.

❶
```
    3 4 9
  + 5 3 2
```

❷
```
    7 4 6
  + 1 4 8
```

4 계산 결과를 찾아 이어 보세요.

456+328 •   • 784

825+129 •   • 954

5 빈칸에 알맞은 수를 써넣으세요.

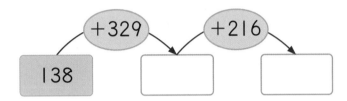

6 다음 덧셈식에서 <u>잘못</u> 계산한 곳을 찾아 바르게 계산해 보세요.

```
    3  4  7              □
 +  2  4  8          3  4  7
 ─────────    ⇒   +  2  4  8
    5  8  5          □  □  □
```

7 동규는 줄넘기를 어제 249번을 하고, 오늘은 어제보다 138번을 더 많이 했습니다. 동규는 오늘 줄넘기를 몇 번 했나요?

식 [   ] + [   ] = [   ]   답 _____ 번

받아올림이 여러 번 있는 (세 자리 수)+(세 자리 수)

• 356+467의 계산

$$356+467=823$$

일의 자리에서 받아올림한 수

십의 자리에서 받아올림한 수

```
    3 5 6          3 5 6          3 5 6
  + 4 6 7   ➡    + 4 6 7   ➡   + 4 6 7
        3            2 3          8 2 3
```

각 자리의 숫자를 맞추어 쓰기 ➡ 일의 자리부터 차례로 더하기

같은 자리 수끼리의 합이 10이거나 10보다 크면 바로 윗자리로 받아올림하여 계산합니다.

1 수 모형을 보고 계산해 보세요.

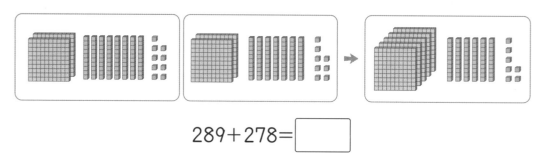

$$289+278=\boxed{}$$

2 □ 안에 알맞은 수를 써넣으세요.

```
    1 7 8          1 7 8          1 7 8
  + 7 5 6   ➡    + 7 5 6   ➡   + 7 5 6
        □           □ □          □ □ □
```

3 계산해 보세요.

❶
```
    6 4 7
  + 1 6 5
```

❷
```
    4 5 2
  + 1 8 9
```

4 빈칸에 알맞은 수를 써넣으세요.

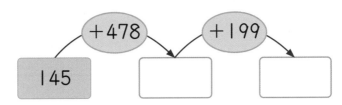

5 두 수의 합이 500보다 큰 것을 모두 찾아 기호를 써 보세요.

┌───┐
│ ㉠ 195+457   ㉡ 119+375   ㉢ 257+265   ㉣ 245+175 │
└───┘

(   )

6 민지는 집에서 출발하여 학교를 지나 우체국에 가려고 합니다. 민지가 가야 하는 거리는 몇 m 인가요?

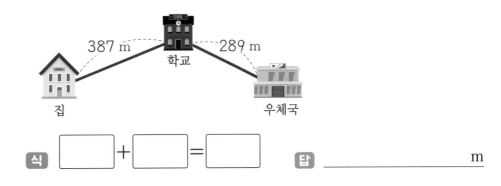

식 [   ] + [   ] = [   ]　　　답 _____ m

7 4장의 수 카드 중 3장을 골라 한 번씩만 사용하여 세 자리 수를 만들려고 합니다. 만들 수 있는 가장 큰 수와 가장 작은 수의 합을 구해 보세요.

[1]   [4]   [6]   [7]

❶ 가장 큰 수 (   )　　　❷ 가장 작은 수 (   )

❸ 두 수의 합 구하기

식　　　　　　　　　　　　　　　　　　　　답

받아내림이 없는 (세 자리 수)-(세 자리 수)

• 786-435의 계산

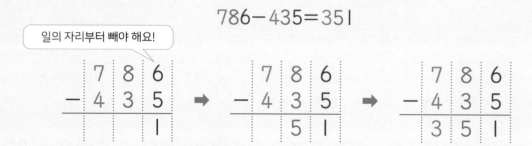

$$786-435=351$$

일의 자리부터 빼야 해요!

	7	8	6
−	4	3	5
			1

➡

	7	8	6
−	4	3	5
		5	1

➡

	7	8	6
−	4	3	5
	3	5	1

각 자리의 숫자를 맞추어 쓰기 ➡ 일의 자리, 십의 자리, 백의 자리끼리 빼기

1 수 모형을 보고 계산해 보세요.

357−213= ☐

2 ☐ 안에 알맞은 수를 써넣으세요.

	6	4	5
−	1	2	3
			☐

➡

	6	4	5
−	1	2	3
		☐	☐

➡

	6	4	5
−	1	2	3
	☐	☐	☐

3 계산해 보세요.

❶
	5	3	9
−	1	2	5

❷
	8	2	5
−	4	0	3

4 빈칸에 알맞은 수를 써넣으세요.

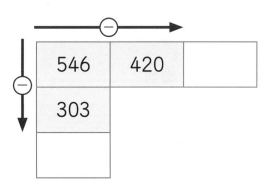

546	420	
303		

5 아빠의 키는 185 cm이고, 아들의 키는 124 cm입니다. 아빠는 아들보다 몇 cm 더 큰가요?

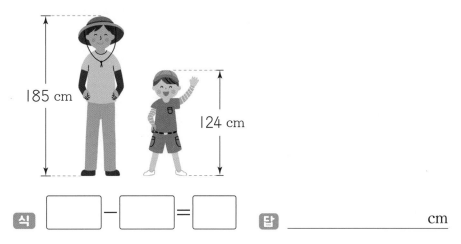

식 ☐ – ☐ = ☐   답 _____ cm

6 가장 큰 수와 가장 작은 수의 차를 구해 보세요.

153	675	369	406

❶ 가장 큰 수 (   )   ❷ 가장 작은 수 (   )

❸ 두 수의 차 구하기

식 _____   답 _____

받아내림이 한 번 있는 (세 자리 수)-(세 자리 수)

- **십의 자리에서 받아내림이 있는 뺄셈**

> 2에서 5를 뺄 수 없으므로 십의 자리에서 받아내림해요.

```
    4 10              4 10              4 10
  4 5̸ 2           4 5̸ 2           4 5̸ 2
- 2 1 5    ➡    - 2 1 5    ➡    - 2 1 5
      7              3 7           2 3 7
```

- **백의 자리에서 받아내림이 있는 뺄셈**

> 2에서 7을 뺄 수 없으므로 백의 자리에서 받아내림해요.

```
                  2 10              2 10
  3 2 5          3̸ 2 5           3̸ 2 5
- 1 7 5    ➡    - 1 7 5    ➡    - 1 7 5
      0              5 0           1 5 0
```

각 자리의 숫자를 맞추어 쓰기 ➡ 일의 자리부터 차례로 빼기

같은 자리 수끼리 뺄 수 없으면 바로 윗자리에서 받아내림하여 계산합니다.

1 □ 안에 알맞은 수를 써넣으세요.

❶ 십의 자리에서 받아내림이 있는 뺄셈

```
           □   □              □   □              □   □
  7   2̸   8        7   2̸   8        7   2̸   8
-  4   1   9    ➡    -  4   1   9    ➡    -  4   1   9
          □              □   □           □   □   □
```

❷ 백의 자리에서 받아내림이 있는 뺄셈

```
                     □   □              □   □
  4   5   7        4̸   5   7        4̸   5   7
-  1   7   4    ➡    -  1   7   4    ➡    -  1   7   4
          □              □   □           □   □   □
```

14

2 십의 자리에서 받아내림이 있는 세 자리 수의 뺄셈을 계산해 보세요.

❶
```
    9 7 3
  - 5 5 5
```

❷
```
    3 4 4
  - 1 2 7
```

3 백의 자리에서 받아내림이 있는 세 자리 수의 뺄셈을 계산해 보세요.

❶
```
    9 4 7
  - 3 5 4
```

❷
```
    7 1 5
  - 2 9 5
```

4 같은 모양에 적힌 두 수의 차를 구해 보세요.

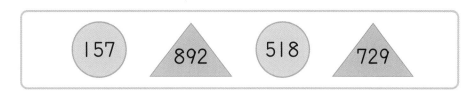

❶ ⬤ 모양의 두 수의 차: ☐ − ☐ = ☐

❷ ▲ 모양의 두 수의 차: ☐ − ☐ = ☐

5 ☐ 안에 알맞은 수를 써넣으세요.

❶
```
    4 6 7
  - 1 ☐ 8
    3 4 9
```

❷
```
    3 ☐ 8
  - 1 2 3
    1 9 5
```

받아내림이 두 번 있는 (세 자리 수)-(세 자리 수)

• 737-359의 계산

$$737-359=378$$

```
        2 10                    6  12 10                  6  12 10
   7    3̸  7              7̸    3̸  7              7̸    3̸  7
 -  3    5   9       ➡    -  3    5   9       ➡    -  3    5   9
             8                       7   8              3   7   8
```

각 자리의 숫자를 맞추어 쓰기 ➡ 일의 자리부터 차례로 빼기

십의 자리에서 일의 자리, 백의 자리에서 십의 자리 차례로 받아내림하여 계산합니다.

1 □ 안에 알맞은 수를 써넣으세요.

```
      □  □                    □  □  □                 □  □  □
   5   2̸  7              5̸    2̸  7              5̸    2̸  7
 -  2    6   8       ➡    -  2    6   8       ➡    -  2    6   8
             □                       □  □              □  □  □
```

2 계산해 보세요.

❶
```
   7 2 3
 - 5 4 5
```

❷
```
   3 2 3
 - 1 6 7
```

3 □ 안에 알맞은 수를 써넣으세요.

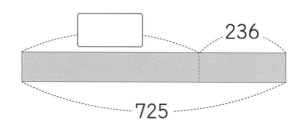

4 다음 뺄셈식에서 <u>잘못</u> 계산한 곳을 찾아 바르게 계산해 보세요.

$$
\begin{array}{r}
7\ 2\ 4 \\
-\ 5\ 6\ 8 \\
\hline
2\ 5\ 6
\end{array}
\qquad \Rightarrow \qquad
\begin{array}{r}
7\ 2\ 4 \\
-\ 5\ 6\ 8 \\
\hline

\end{array}
$$

5 천마산의 높이는 810 m, 인왕산의 높이는 338 m입니다. 천마산은 인왕산보다 몇 m 더 높나요?

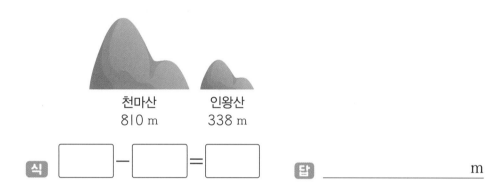

천마산
810 m

인왕산
338 m

식 ☐ − ☐ = ☐   답 _____ m

6 3장의 수 카드를 한 번씩만 사용하여 세 자리 수를 만들려고 합니다. 만들 수 있는 가장 큰 수와 가장 작은 수의 차를 구해 보세요.

6   5   2

❶ 가장 큰 수 (   )   ❷ 가장 작은 수 (   )

❸ 두 수의 차 구하기

식 _____   답 _____

연습 문제

[1~18] 계산해 보세요.

1
```
    1 5 2
  + 5 4 6
```

2
```
    2 4 8
  + 7 0 1
```

3
```
    3 5 7
  + 4 2 4
```

4
```
    2 2 3
  + 5 4 7
```

5
```
    5 3 2
  + 3 9 5
```

6
```
    4 5 0
  + 1 9 9
```

7
```
    2 5 9
  + 3 6 5
```

8
```
    4 8 8
  + 2 4 5
```

9
```
    3 3 7
  + 4 6 5
```

10
```
    7  9  8
  - 1  6  7
```

11
```
    8  6  9
  - 1  2  8
```

12
```
    4  7  3
  - 3  4  5
```

13
```
    7  8  3
  - 1  4  6
```

14
```
    8  5  6
  - 5  7  5
```

15
```
    4  2  8
  - 2  6  5
```

16
```
    6  7  4
  - 4  9  7
```

17
```
    5  1  3
  - 3  4  9
```

18
```
    6  4  2
  - 2  5  8
```

1 수 모형이 나타내는 수보다 154만큼 더 큰 수를 구해 보세요.

(　　　　　　　　　)

2 빈칸에 알맞은 수를 써넣으세요.

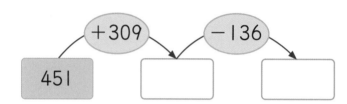

3 계산 결과가 같은 것끼리 이어 보세요.

216+528 ·　　　　　　　　　· 836−286

153+397 ·　　　　　　　　　· 908−164

4 계산 결과를 비교하여 ○ 안에 >, =, <를 알맞게 써넣으세요.

❶ 194+719 ◯ 475+320　　　❷ 548−288 ◯ 562−177

5 다음 중 두 수를 골라 덧셈식을 만들려고 합니다. □ 안에 알맞은 수를 써넣으세요.

| 159 　　 415 　　 438 |

 + □ =574

[6~7] 무빈이네 학교의 남학생은 326명이고, 여학생은 298명입니다. 물음에 답하세요.

6 무빈이네 학교의 학생은 모두 몇 명인가요?

식 _____ 답 _____ 명

7 무빈이네 학교의 남학생은 여학생보다 몇 명 더 많나요?

식 _____ 답 _____ 명

8 □ 안에 알맞은 수를 써넣으세요.

❶
$$\begin{array}{r} 7\ 6\ \square \\ +\ 1\ \square\ 8 \\ \hline 8\ 9\ 3 \end{array}$$

❷
$$\begin{array}{r} 4\ 8\ \square \\ -\ 1\ \square\ 8 \\ \hline 3\ 1\ 7 \end{array}$$

9 어떤 수에 300을 더해야 할 것을 잘못하여 뺐더니 108이 되었습니다. 어떤 수는 얼마인지 구해 보세요.

(   )

10 수 카드 7 , 4 , 2 를 한 번씩만 사용하여 세 자리 수를 만들려고 합니다. 만들 수 있는 가장 큰 수와 가장 작은 수의 합과 차를 구해 보세요.

❶ 두 수의 합: 식 _____ 답 _____

❷ 두 수의 차: 식 _____ 답 _____

실력 키우기

1 은수는 100원짜리 동전 5개, 10원짜리 동전 8개, 1원짜리 동전 4개를 갖고 있습니다. 은수의 동생은 은수보다 150원 더 많이 갖고 있습니다. 은수의 동생이 가진 돈은 얼마인가요?

식 _____   답 _____ 원

2 기차에 309명이 타고 있었습니다. 다음 역에서 내리는 사람은 없이 182명이 더 탔습니다. 기차 안에 타고 있는 사람은 모두 몇 명인가요?

식 _____   답 _____ 명

3 종이 리본이 253 cm 있었는데 선물을 포장하느라 163 cm를 사용했습니다. 남은 종이 리본은 몇 cm인가요?

식 _____   답 _____ cm

4 농장에 당근이 870개, 고추가 647개 있습니다. 당근은 고추보다 몇 개 더 많나요?

식 _____   답 _____ 개

5 어떤 수에 120을 더해야 할 것을 잘못하여 뺐더니 459가 되었습니다. 어떤 수는 얼마인지 풀이 과정을 쓰고 답을 구해 보세요.

풀이 _____

답 _____

2. 평면도형

- 선분, 반직선, 직선 알아보기

- 각 알아보기

- 직각 알아보기

- 직각삼각형 알아보기

- 직사각형 알아보기

- 정사각형 알아보기

선분, 반직선, 직선 알아보기

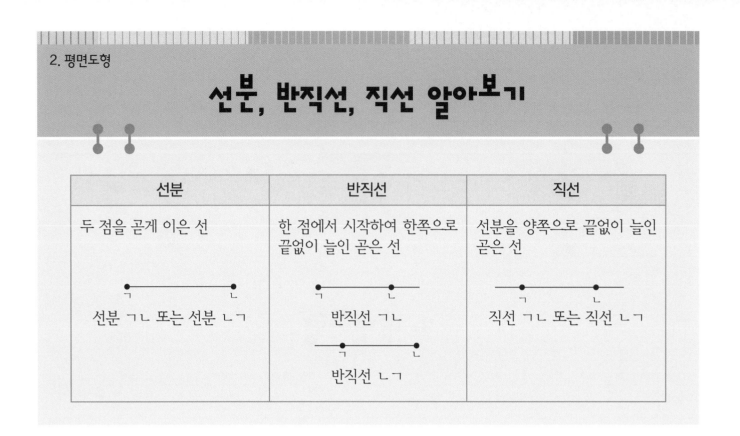

선분	반직선	직선
두 점을 곧게 이은 선	한 점에서 시작하여 한쪽으로 끝없이 늘인 곧은 선	선분을 양쪽으로 끝없이 늘인 곧은 선
선분 ㄱㄴ 또는 선분 ㄴㄱ	반직선 ㄱㄴ 반직선 ㄴㄱ	직선 ㄱㄴ 또는 직선 ㄴㄱ

[1~3] 그림을 보고 □ 안에 알맞은 말이나 기호를 써넣으세요.

1

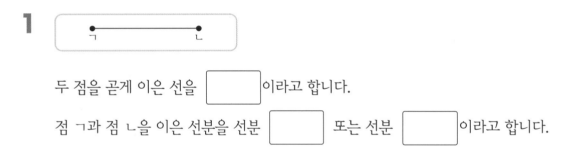

두 점을 곧게 이은 선을 ⬚ 이라고 합니다.

점 ㄱ과 점 ㄴ을 이은 선분을 선분 ⬚ 또는 선분 ⬚ 이라고 합니다.

2

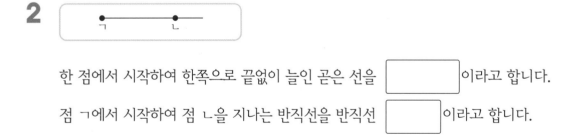

한 점에서 시작하여 한쪽으로 끝없이 늘인 곧은 선을 ⬚ 이라고 합니다.

점 ㄱ에서 시작하여 점 ㄴ을 지나는 반직선을 반직선 ⬚ 이라고 합니다.

3

선분을 양쪽으로 끝없이 늘인 곧은 선을 ⬚ 이라고 합니다.

점 ㄱ과 점 ㄴ을 지나는 직선을 직선 ⬚ 또는 직선 ⬚ 이라고 합니다.

4 선을 모양에 따라 분류하여 기호를 써 보세요.

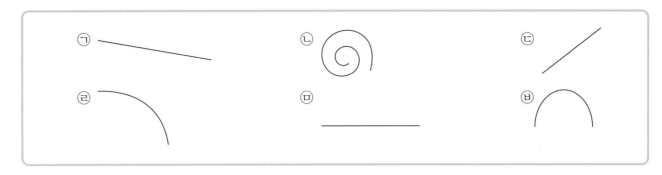

곧은 선	굽은 선

5 직선을 찾아 ○표 하세요.

6 □ 안에 선분, 반직선, 직선 중에서 알맞은 말을 써넣으세요.

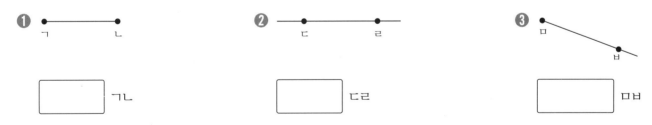

❶ [   ] ㄱㄴ   ❷ [   ] ㄷㄹ   ❸ [   ] ㅁㅂ

7 자를 이용하여 직선, 반직선, 선분을 그어 보세요.

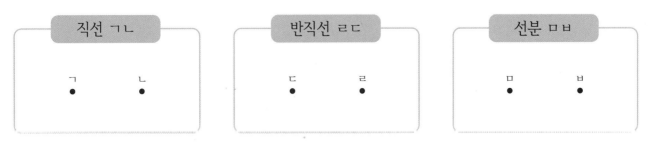

직선 ㄱㄴ   반직선 ㄹㄷ   선분 ㅁㅂ

각 알아보기

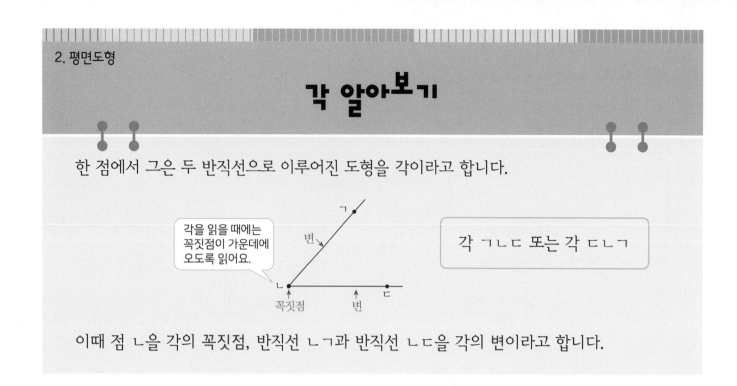

한 점에서 그은 두 반직선으로 이루어진 도형을 각이라고 합니다.

각을 읽을 때에는
꼭짓점이 가운데에
오도록 읽어요.

각 ㄱㄴㄷ 또는 각 ㄷㄴㄱ

이때 점 ㄴ을 각의 꼭짓점, 반직선 ㄴㄱ과 반직선 ㄴㄷ을 각의 변이라고 합니다.

1 각을 모두 찾아 ○표 하세요.

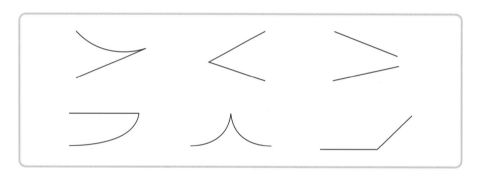

2 □ 안에 알맞은 말을 써넣으세요.

한 점에서 그은 두 반직선으로 이루어진 도형을 □이라고 합니다.

3 각의 꼭짓점과 변을 찾아 써 보세요.

꼭짓점 (   )

변 (   ), 변 (   )

4 각의 이름을 써 보세요.

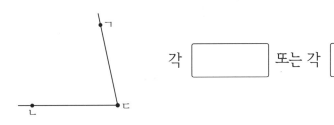

각 [   ] 또는 각 [   ]

5 자를 이용하여 반직선을 그어 각을 완성해 보세요.

❶ 각 ㄱㄴㄷ

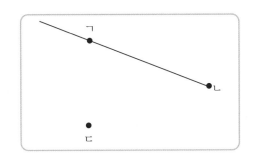

❷ 각 ㄹㅁㅂ

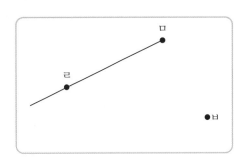

6 도형에서 찾을 수 있는 각이 몇 개인지 써 보세요.

❶
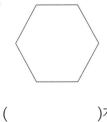
(   )개

❷

(   )개

❸

(   )개

7 그림을 보고 바르게 이야기한 친구에 ○표 하세요.

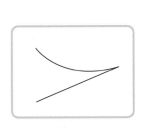

왼쪽 그림은 각이라고 해.
굽은 선도 각이 될 수 있어.

유진

각은 곧은 선으로 그려야 해.
굽은 선으로 그려서 각이 아니야.

민재

(   ) (   )

직각 알아보기

종이를 반듯하게 두 번 접었을 때 생기는 각을 직각이라고 합니다.

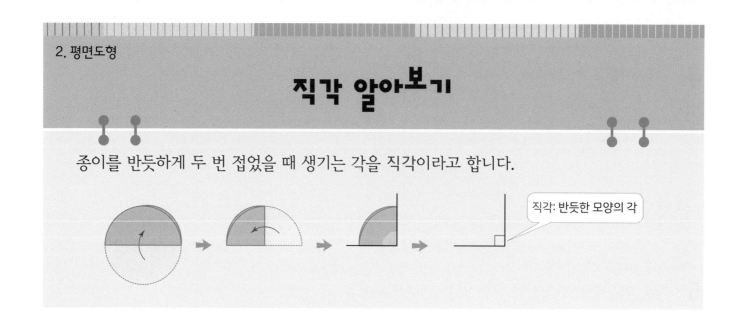

직각: 반듯한 모양의 각

1 직각을 모두 찾아 └ 로 표시해 보세요.

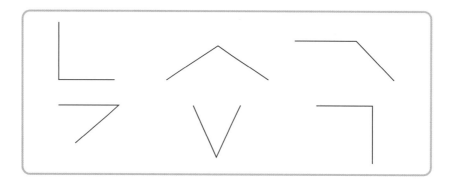

2 직각을 찾아 └ 로 표시하고, 각을 써 보세요.

각 [   ] 또는 각 [   ]

3 점 종이에 그어진 선분을 이용하여 직각을 그리고 └ 로 표시해 보세요.

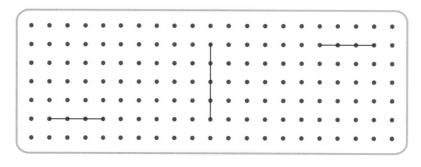

4 직각이 가장 많은 도형을 찾아 ◯표 하세요.

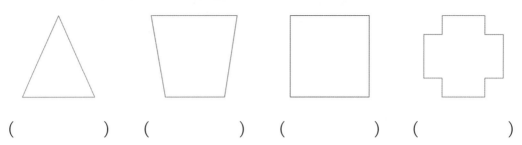

(   )   (   )   (   )   (   )

5 직각을 찾아 써 보세요.

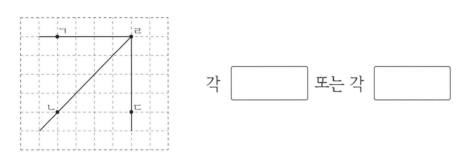

각 ☐☐☐ 또는 각 ☐☐☐

6 직각에 대해 이야기하고 있습니다. 바르게 이야기한 친구를 모두 찾아 ◯표 하세요.

지혜: ⚠ 이 삼각형 모양의 표지판에는 직각이 1개 있어. (   )

민호: 🪟 이 창문에도 직각이 1개 있어. (   )

소희: 📕 이 책에는 직각이 4개 있어. (   )

은경: 🕒 3시일 때 시계의 긴바늘과 짧은바늘이 이루는 각이 직각이야. (   )

직각삼각형 알아보기

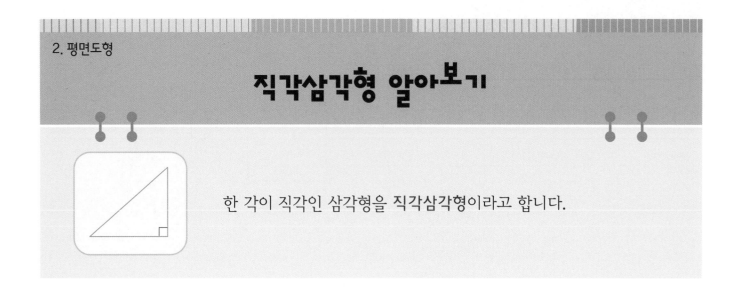

한 각이 직각인 삼각형을 **직각삼각형**이라고 합니다.

1 □ 안에 알맞은 말을 써넣으세요.

한 각이 직각인 삼각형을 [   ]이라고 합니다.

2 직각삼각형을 모두 찾아 ○표 하세요.

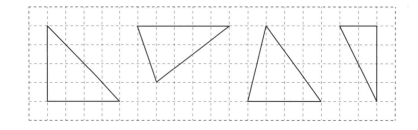

3 직각삼각형을 찾아 기호를 써 보세요.

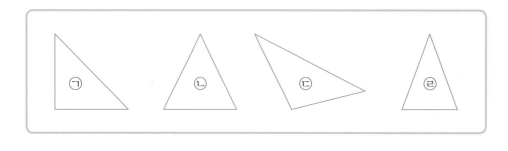

(   )

4 점 종이에 모양과 크기가 다른 직각삼각형을 2개 그리고 직각을 찾아 ∟ 로 표시해 보세요.

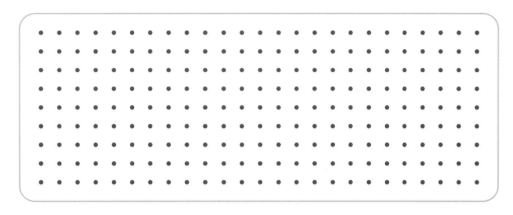

5 다음 도형이 직각삼각형이 아닌 이유를 써 보세요.

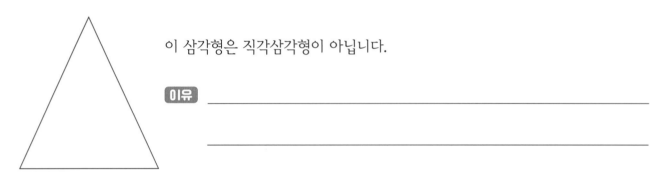

이 삼각형은 직각삼각형이 아닙니다.

이유 _____

_____

6 친구들의 대화를 읽고, ☐ 안에 알맞은 말이나 수를 써넣으세요.

민정: 이 삼각형의 이름은 [   ] 이야.

준호: 이 삼각형은 각이 모두 [ ] 개야.

유진: 이 삼각형에는 직각이 [ ] 개 있어.

직사각형 알아보기

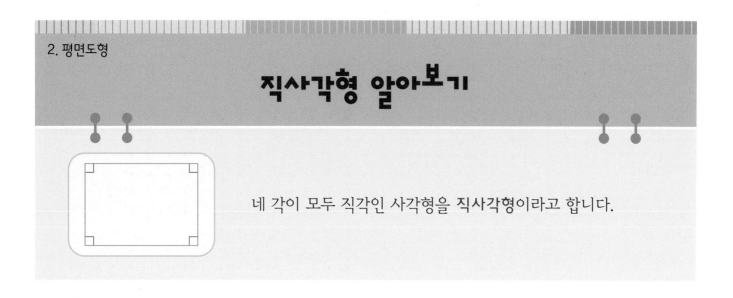

네 각이 모두 직각인 사각형을 **직사각형**이라고 합니다.

1 □ 안에 알맞은 말을 써넣으세요.

네 각이 모두 직각인 사각형을 [   ]이라고 합니다.

2 직사각형을 모두 찾아 ○표 하세요.

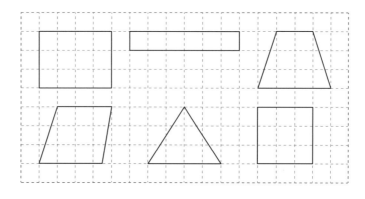

3 주어진 선분을 두 변으로 하는 직사각형을 그리려고 합니다. 나머지 한 꼭짓점을 어느 점으로 하여 그려야 하는지 기호를 써 보세요.

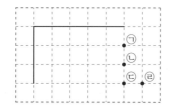

(   )

4 점 종이에 모양과 크기가 다른 직사각형을 2개 그려 보세요.

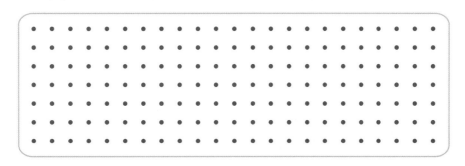

5 직사각형에 대하여 바르게 설명한 것을 모두 찾아 기호를 써 보세요.

> ㉠ 직사각형은 변이 4개입니다.
> ㉡ 직사각형은 각이 3개입니다.
> ㉢ 직사각형은 꼭짓점이 5개입니다.
> ㉣ 직사각형은 네 각이 모두 직각입니다.

(   )

6 두 직사각형의 같은 점과 다른 점을 써 보세요.

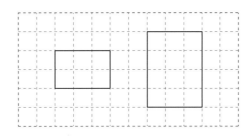

같은 점 _____

다른 점 _____

7 다음 도형은 직사각형입니다. □ 안에 알맞은 수를 써넣으세요.

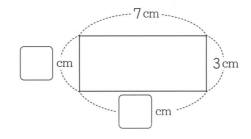

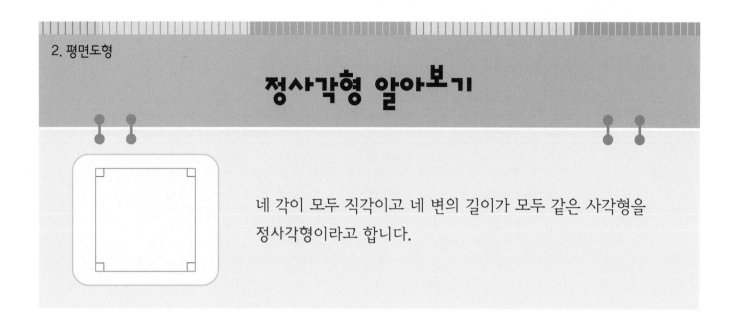

정사각형 알아보기

네 각이 모두 직각이고 네 변의 길이가 모두 같은 사각형을
정사각형이라고 합니다.

1 □ 안에 알맞은 말을 써넣으세요.

네 각이 모두 직각이고 네 변의 길이가 모두 같은 사각형을 [   ] 이라고 합니다.

2 정사각형을 모두 찾아 ○표 하세요.

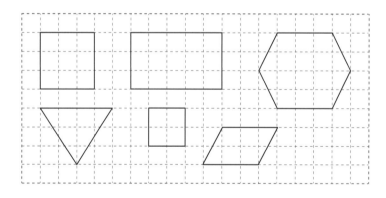

3 점 종이에 그어진 선분을 이용하여 정사각형을 2개 그려 보세요.

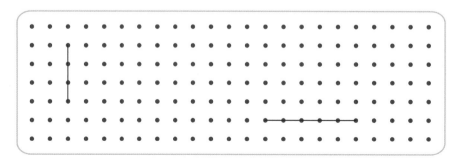

4 정사각형에 대하여 바르게 설명한 것에는 ○표, 틀리게 설명한 것에는 ✕표 하세요.

- 정사각형은 변이 4개입니다. (   )

- 정사각형은 한 각만 직각입니다. (   )

- 정사각형은 네 변의 길이가 모두 같습니다. (   )

- 정사각형은 직사각형과 모양이 항상 똑같습니다. (   )

5 다음 도형은 정사각형입니다. □ 안에 알맞은 수를 써넣으세요.

cm

5 cm

6 다음 도형을 보고 바르게 이야기한 친구에 ○표 하세요.

㉠

㉡

㉠은 네 변의 길이가 모두 같고
네 각이 모두 직각인 정사각형이야.

은비

㉡은 네 각이 모두 직각이라서
정사각형이야.

지우

(   ) (   )

7 다음 도형의 이름이 될 수 있는 것을 모두 찾아 ○표 하세요.

직각삼각형   직사각형   정사각형

연습 문제

1 자를 이용하여 선분, 직선, 반직선을 그어 보세요.

❶ 선분 ㄱㄴ

ㄱ	ㄴ
●	●

❷ 직선 ㄴㄱ

ㄱ	ㄴ
●	●

❸ 반직선 ㄱㄴ

ㄱ	ㄴ
●	●

❹ 반직선 ㄴㄱ

ㄱ	ㄴ
●	●

2 보기에서 알맞은 말을 골라 □ 안에 써넣으세요.

보기   변   꼭짓점

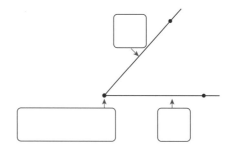

3 자를 이용하여 각을 그려 보세요.

❶ 각 ㄱㄴㄷ

ㄱ
●

●   ●
ㄴ   ㄷ

❷ 각 ㄴㄱㄷ

ㄱ
●

●   ●
ㄴ   ㄷ

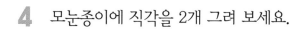

4 모눈종이에 직각을 2개 그려 보세요.

5 모눈종이에 모양과 크기가 다른 직각삼각형을 2개 그려 보세요.

6 모눈종이에 모양과 크기가 다른 직사각형을 2개 그려 보세요.

7 모눈종이에 크기가 다른 정사각형을 2개 그려 보세요.

1 도형의 이름을 써 보세요.

(   )

2 도형을 보고 알맞은 말에 ◯표 하세요.

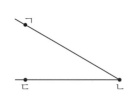

> 한 점에서 그은 두 반직선으로 이루어진 도형을 (각, 선분)이라고 합니다.
> 이 도형을 (각 ㄱㄴㄷ, 각 ㄴㄷㄱ) 또는 각 ㄷㄴㄱ이라고 합니다.
> 점 ㄴ은 각의 (변, 꼭짓점)입니다.

3 다음 중 각이 가장 많은 도형을 찾아 ◯표 하세요.

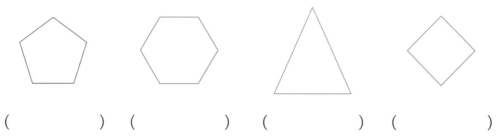

(   )   (   )   (   )   (   )

4 도형에서 찾을 수 있는 직각은 몇 개인지 써 보세요.

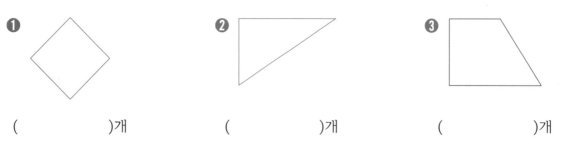

❶ (   )개   ❷ (   )개   ❸ (   )개

5 직사각형 모양의 색종이를 점선을 따라 자르면 직각삼각형은 모두 몇 개가 만들어질까요?

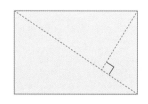

(   )개

6 직사각형을 모두 찾아 ◯표 하세요.

(   )   (   )   (   )   (   )

7 정사각형을 모두 찾아 ◯표 하세요.

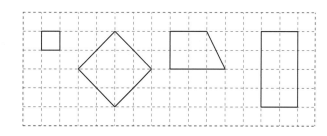

8 정사각형 네 변의 길이의 합은 몇 cm인지 구해 보세요.

(   ) cm

실력 키우기

1 각이 많은 도형부터 차례로 기호를 써 보세요.

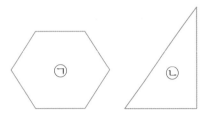 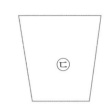

(   )

2 다음 도형에서 찾을 수 있는 크고 작은 직각삼각형은 모두 몇 개인가요?

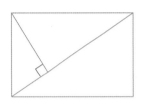

(   )개

3 다음 도형에서 찾을 수 있는 크고 작은 직사각형은 모두 몇 개인가요?

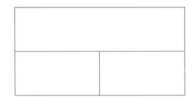

(   )개

4 직사각형과 정사각형의 같은 점과 다른 점을 써 보세요.

같은 점 _____

다른 점 _____

_____

3. 나눗셈

- 나눗셈식으로 나타내기

- 똑같이 나누기(1)

- 똑같이 나누기(2)

- 곱셈과 나눗셈의 관계 알아보기

- 나눗셈의 몫을 곱셈식으로 구하기

- 나눗셈의 몫을 곱셈구구로 구하기

나눗셈식으로 나타내기

나눗셈식 8 ÷ 4 = 2

나누어지는 수　나누는 수　　몫

읽기 8 나누기 4는 2와 같습니다.

---

1 나눗셈식을 읽으려고 합니다. ☐ 안에 알맞은 말이나 수를 써넣으세요.

❶ 36÷9=4 ． ． 36 ☐ 9는 4와 ☐ .

❷ 56÷8=7 ． ． ☐ 나누기 ☐ 은 ☐ 과 같습니다.

2 나눗셈식을 바르게 읽은 사람의 이름을 써 보세요.

42÷7=6

세희: 42 나누기 7은 6과 같습니다.
하율: 42 나누기 6은 7과 같습니다.

(　　　　　　　)

3 다음을 나눗셈식으로 나타내어 보세요.

27 나누기 3은 9와 같습니다. ➡ ☐ ÷ ☐ = ☐

4 몫이 6인 나눗셈식에 ◯표 하세요.

$6÷3=2$ $30÷5=6$ $18÷6=3$

5 관계있는 것끼리 이어 보세요.

| 24 나누기 6은 4와 같습니다. | • | • | $24÷6=4$ |

| 48 나누기 8은 6과 같습니다. | • | • | $21÷3=7$ |

| 21 나누기 3은 7과 같습니다. | • | • | $48÷8=6$ |

6 ☐ 안에 알맞은 수를 써넣으세요.

❶

사탕 12개를 2묶음으로 똑같이 나누면 6개씩 담을 수 있습니다.

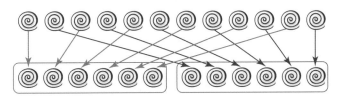

$12÷2=$ ☐ ➡ ☐ 개

❷

과자 9개를 한 명에게 3개씩 주면 3명에게 나누어 줄 수 있습니다.

$9÷3=$ ☐ ➡ ☐ 명

똑같이 나누기 (1)

• 딸기 8개를 접시 2개에 똑같이 나누기

딸기 8개를 접시 2개에 똑같이 나누어 담으면 한 접시에 4개씩 담을 수 있습니다.

나눗셈식 $8 \div 2 = 4$

1 포도 6송이를 접시 2개에 똑같이 나누어 담으려고 합니다. 접시 한 개에 포도를 몇 송이씩 담을 수 있는지 접시에 ○를 그려 알아보고 나눗셈식으로 나타내어 보세요.

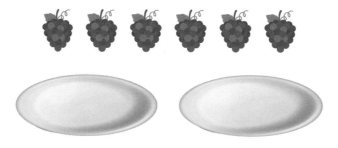

포도 6송이를 접시 2개에 3송이씩 담을 수 있습니다.

➡ $6 \div \boxed{} = \boxed{}$

2 사과 10개를 접시 2개에 똑같이 나누어 담으려고 합니다. 접시 한 개에 사과를 몇 개씩 담을 수 있는지 접시에 ○를 그려 알아보고 나눗셈식으로 나타내어 보세요.

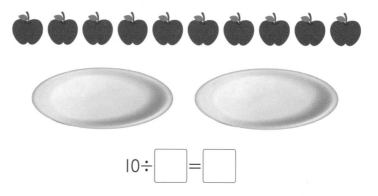

$10 \div \boxed{} = \boxed{}$

3 초콜릿 24개를 상자 4개에 똑같이 나누어 담았습니다. 상자 한 개에 초콜릿을 몇 개씩 담았는지 나눗셈식으로 나타내어 보세요.

$$24 \div \boxed{} = \boxed{}$$

4 연필 30자루를 6명이 똑같이 나누어 가지려고 합니다. 한 명이 연필을 몇 자루씩 가질 수 있는지 나눗셈식으로 나타내어 보세요.

$$30 \div \boxed{} = \boxed{}$$

[5~6] 사탕 18개를 똑같이 나누어 가지려고 합니다. 그림을 보고 물음에 답하세요.

5 3명이 똑같이 나누어 가지면 한 명이 몇 개를 가질 수 있을까요?

식 $\boxed{} \div \boxed{} = \boxed{}$　　답 _____ 개

6 9명이 똑같이 나누어 가지면 한 명이 몇 개를 가질 수 있을까요?

식 $\boxed{} \div \boxed{} = \boxed{}$　　답 _____ 개

똑같이 나누기 (2)

• 딸기 15개를 5개씩 묶기

딸기 15개를 5개씩 묶으면 3묶음이 됩니다.

뺄셈식 $15-5-5-5=0$　　15에서 5를 3번 빼면 0이 됩니다.
　　　　　└─┘
　　　　　 3번

나눗셈식 $15÷5=3$　　15를 5씩 묶으면 3묶음이 됩니다.

[1~3] 빵 12개를 3개씩 덜어 내려고 합니다. 물음에 답하세요.

1 위 그림에 있는 빵 12개를 3개씩 묶어 보세요.

2 빵을 3개씩 몇 번 덜어 내면 0이 되는지 뺄셈식으로 나타내어 보세요.

$$12-3-\boxed{}-\boxed{}-\boxed{}=0$$

3 나눗셈식으로 나타내어 보세요.

$$12÷3=\boxed{}$$

4 그림을 보고 □ 안에 알맞은 수를 써넣으세요.

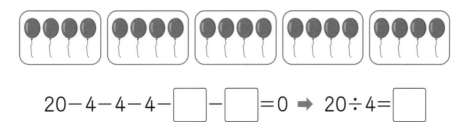

$20-4-4-4-\boxed{}-\boxed{}=0 \Rightarrow 20 \div 4 = \boxed{}$

5 뺄셈식을 보고 나눗셈식으로 나타내어 보세요.

❶ $35-5-5-5-5-5-5-5=0$ ➡ $\boxed{} \div \boxed{} = \boxed{}$

❷ $24-8-8-8=0$ ➡ $\boxed{} \div \boxed{} = \boxed{}$

6 과자 28개를 한 명에게 4개씩 나누어 주려고 합니다. 몇 명에게 나누어 줄 수 있을까요?

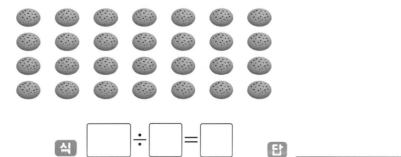

식 $\boxed{} \div \boxed{} = \boxed{}$ 답 _____ 명

곱셈과 나눗셈의 관계 알아보기

• 곱셈식 6×5=30을 나눗셈식으로 나타내기

$6 \times 5 = 30$

$30 \div 6 = 5$

$30 \div 5 = 6$

하나의 곱셈식을 2개의 나눗셈식으로 나타낼 수 있습니다.

[1~3] 도넛이 놓여 있습니다. 물음에 답하세요.

1 도넛은 모두 몇 개인지 곱셈식으로 나타내어 보세요.

$5 \times \boxed{} = \boxed{}$

2 도넛 10개를 상자 2개에 똑같이 나누어 담으면 한 상자에 몇 개씩 담게 되는지 나눗셈식으로 나타내어 보세요.

$10 \div \boxed{} = \boxed{}$

3 도넛 10개를 한 상자에 5개씩 나누어 담으면 상자가 몇 개 필요한지 나눗셈식으로 나타내어 보세요.

$10 \div \boxed{} = \boxed{}$

4 그림을 보고 곱셈식과 나눗셈식으로 나타내어 보세요.

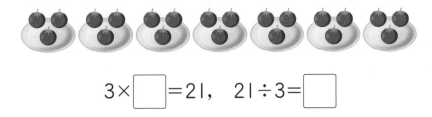

$$3 \times \boxed{} = 21, \quad 21 \div 3 = \boxed{}$$

5 그림을 보고 곱셈식과 나눗셈식 2개로 나타내어 보세요.

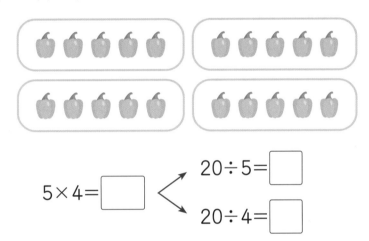

$$5 \times 4 = \boxed{}$$

$$20 \div 5 = \boxed{}$$
$$20 \div 4 = \boxed{}$$

6 곱셈식을 나눗셈식으로, 나눗셈식을 곱셈식으로 나타내어 보세요.

❶ $\boxed{7 \times 6 = 42}$

$$42 \div 7 = \boxed{}$$
$$42 \div \boxed{} = \boxed{}$$

❷ $\boxed{36 \div 4 = 9}$

$$4 \times \boxed{} = \boxed{}$$
$$9 \times \boxed{} = \boxed{}$$

나눗셈의 몫을 곱셈식으로 구하기

• 18÷6의 몫을 곱셈식으로 구하기

$$6 \times 3 = 18$$

$$18 \div 6 = \boxed{3} \implies 18 \div 6\text{의 몫은 } 3$$

곱셈식을 이용하여 나눗셈의 몫을 구할 수 있습니다.

1 그림을 보고 □ 안에 알맞은 수를 써넣으세요.

$$3 \times 4 = 12 \implies 12 \div 3 = \boxed{}$$

2 수박 21개를 한 명에게 3개씩 주려고 합니다. 몇 명에게 줄 수 있는지 구해 보세요.

• 수박의 수를 곱셈식으로 나타내면 $3 \times \boxed{} = 21$ 입니다.

• 수박을 한 명에게 3개씩 주면 $\boxed{}$ 명에게 나누어 줄 수 있습니다.

$$\implies 21 \div 3 = \boxed{}$$

3 □ 안에 알맞은 수를 써넣으세요.

❶ 6×□=30 ➡ 30÷6=□

❷ □×8=56 ➡ 56÷8=□

4 곱셈식을 이용하여 몫을 구하려고 합니다. 관계있는 것끼리 이어 보세요.

나눗셈식	곱셈식	몫
35÷7=□ •	• 7×5=35 •	• 8
32÷4=□ •	• 4×8=32 •	• 5

5 8×3=24를 이용하여 몫을 구할 수 있는 나눗셈식을 모두 찾아 기호를 써 보세요.

㉠ 24÷8=3   ㉡ 24÷6=4

㉢ 24÷4=6   ㉣ 24÷3=8

(   )

6 사탕 63개를 9명이 똑같이 나누어 가지려고 합니다. 한 명이 몇 개씩 가질 수 있을까요?

나눗셈식 63÷□=□

곱셈식 9×□=63   답 _____ 개

나눗셈의 몫을 곱셈구구로 구하기

• 곱셈표를 이용하여 18÷6의 몫 구하기

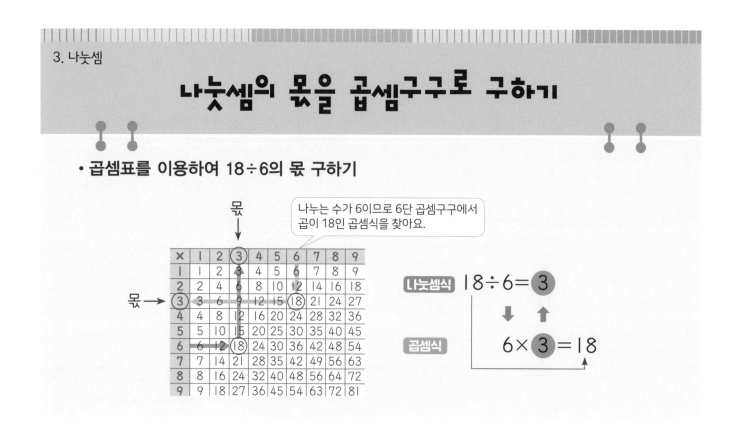

[1~3] 곱셈표를 이용하여 나눗셈의 몫을 구하려고 합니다. 물음에 답하세요.

×	1	2	3	4	5	6	7	8	9
1	1	2	3	4	5	6	7	8	9
2	2		6	8	10	12	14		18
3	3	6	9		15	18	21	24	
4	4	8	12	16	20	24		32	36
5	5	10	15	20	25		35	40	
6	6	12		24	30	36		48	54
7	7		21		35	42	49	56	63
8	8	16	24	32	40	48		64	
9	9		27		45		63	72	81

1 곱셈표의 빈칸에 알맞은 수를 써넣으세요.

2 42÷7의 몫을 구하려고 합니다. 위의 곱셈표를 보고 □ 안에 알맞은 수를 써넣으세요.

$$7 \times \boxed{} = \boxed{} \; \Rightarrow \; 42 \div 7 = \boxed{}$$

3 곱셈표를 이용하여 나눗셈의 몫을 구해 보세요.

❶ $54 \div 6 = \boxed{}$　　　　　❷ $36 \div 9 = \boxed{}$　　　　　❸ $64 \div 8 = \boxed{}$

4 8단 곱셈구구를 이용하여 빈칸에 알맞은 수를 써넣으세요.

÷8	24	32	40	48

5 몫이 같은 나눗셈을 모두 찾아 ○표 하세요.

$48 \div 8$	$27 \div 3$	$12 \div 2$	$20 \div 4$

6 나눗셈의 몫을 구할 때 필요한 곱셈구구를 찾아 이어 보세요.

$25 \div 5$	•		•	6단 곱셈구구
$24 \div 6$	•		•	4단 곱셈구구
$28 \div 4$	•		•	5단 곱셈구구

연습 문제

[1~8] □ 안에 알맞은 수를 써넣으세요.

1

$18 \div 2 = 9$ ➡

$$\begin{array}{r} \boxed{9} \leftarrow \text{몫} \\ \boxed{2}\,)\overline{1\;8} \end{array}$$

2

$56 \div 7 = 8$ ➡

$$\begin{array}{r} \boxed{} \\ \boxed{}\,)\overline{5\;6} \end{array}$$

3

$21 \div 3 = 7$ ➡

$$\begin{array}{r} \boxed{} \\ \boxed{}\,)\overline{2\;1} \end{array}$$

4

$16 \div 8 = 2$ ➡

$$\begin{array}{r} \boxed{} \\ \boxed{}\,)\overline{1\;6} \end{array}$$

5

$$\begin{array}{r} \boxed{7} \\ 2\,)\overline{1\;4} \end{array}$$
➡ $14 \div \boxed{2} = \boxed{7}$

6

$$\begin{array}{r} \boxed{} \\ 8\,)\overline{2\;4} \end{array}$$
➡ $24 \div \boxed{} = \boxed{}$

7

$$\begin{array}{r} \boxed{} \\ 5\,)\overline{4\;0} \end{array}$$
➡ $40 \div \boxed{} = \boxed{}$

8

$$\begin{array}{r} \boxed{} \\ 6\,)\overline{4\;8} \end{array}$$
➡ $48 \div \boxed{} = \boxed{}$

[9~11] 뺄셈식을 나눗셈식으로 나타내어 보세요.

9 $32-8-8-8-8=0$ ➡ $32\div\boxed{8}=\boxed{4}$

10 $35-7-7-7-7-7=0$ ➡ $35\div\boxed{}=\boxed{}$

11 $24-6-6-6-6=0$ ➡ $24\div\boxed{}=\boxed{}$

[12~13] 곱셈식을 나눗셈식으로 나타내어 보세요.

12 $7\times9=63$ $\boxed{}\div\boxed{}=\boxed{}$
$\boxed{}\div\boxed{}=\boxed{}$

13 $6\times5=30$ $\boxed{}\div\boxed{}=\boxed{}$
$\boxed{}\div\boxed{}=\boxed{}$

1 그림을 보고 □ 안에 알맞은 수를 써넣으세요.

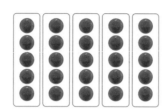

$$25 \div 5 = \boxed{}$$

2 뺄셈식을 나눗셈식으로 나타내어 보세요.

$$21 - 7 - 7 - 7 = 0 \;\Rightarrow\; \boxed{} \div 7 = \boxed{}$$

[3~4] 딸기 24개가 있습니다. 물음에 답하세요.

3 딸기를 상자 3개에 똑같이 나누어 담으려고 합니다. 상자 한 개에 딸기를 몇 개씩 담을 수 있을까요?

식 $\boxed{} \div \boxed{} = \boxed{}$　　답 ＿＿＿＿＿＿＿ 개

4 딸기를 상자 4개에 똑같이 나누어 담으려고 합니다. 상자 한 개에 딸기를 몇 개씩 담을 수 있을까요?

식 $\boxed{} \div \boxed{} = \boxed{}$　　답 ＿＿＿＿＿＿＿ 개

5 몫이 가장 작은 나눗셈을 찾아 ○표 하세요.

$$48 \div 8 \qquad 18 \div 2 \qquad 28 \div 7 \qquad 48 \div 6$$

6 주어진 곱셈식을 나눗셈식으로 나타낸 것을 모두 찾아 기호를 써 보세요.

$$2 \times 9 = 18$$

㉠ $18 \div 2 = 9$　　㉡ $18 \div 3 = 6$

㉢ $18 \div 6 = 3$　　㉣ $18 \div 9 = 2$

(　　　　　　　　)

7 9단 곱셈구구를 이용하여 몫을 구할 수 있는 나눗셈을 모두 찾아 기호를 써 보세요.

㉠ $20 \div 5$　　㉡ $72 \div 9$　　㉢ $40 \div 8$　　㉣ $54 \div 9$

(　　　　　　　　)

8 볼펜이 6개씩 6묶음 있습니다. 볼펜을 한 사람에게 4개씩 나누어 주면 몇 명에게 나누어 줄 수 있을까요?

풀이 _____　　　답 _____ 명

실력 키우기

1 사과 12개를 봉지 3개에 똑같이 나누어 담으려고 합니다. 봉지 한 개에 사과를 몇 개씩 담을 수 있을까요?

식 □ ÷ □ = □   답 _____ 개

2 28명이 자동차 한 대에 4명씩 타려고 합니다. 자동차는 몇 대 필요할까요?

식 □ ÷ □ = □   답 _____ 대

3 학생 30명을 한 모둠에 6명씩 되도록 나누면 몇 모둠이 될까요?

식 □ ÷ □ = □   답 _____ 모둠

4 색종이 15장을 한 명에게 5장씩 주려고 합니다. 몇 명에게 나누어 줄 수 있을까요?

식 □ ÷ □ = □   답 _____ 명

5 동물원에 있는 기린의 다리 수를 세어 보니 16개였습니다. 동물원에 있는 기린은 몇 마리일까요?

식 □ ÷ □ = □   답 _____ 마리

4. 곱셈

- (몇십)×(몇)

- 올림이 없는 (몇십몇)×(몇)

- 십의 자리에서 올림이 있는 (몇십몇)×(몇)

- 일의 자리에서 올림이 있는 (몇십몇)×(몇)

- 올림이 두 번 있는 (몇십몇)×(몇)

(몇십)×(몇)

• 30×2의 계산

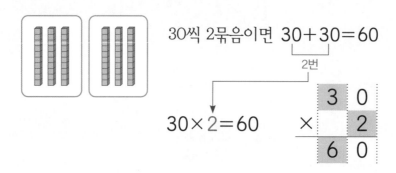

30씩 2묶음이면 $30+30=60$

2번

$30 \times 2 = 60$

$$
\begin{array}{r}
3\ 0 \\
\times\quad\ 2 \\
\hline
6\ 0
\end{array}
$$

1 수 모형을 보고 □ 안에 알맞은 수를 써넣으세요.

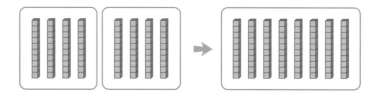

• $40+40=\boxed{}$ 입니다.

• 십 모형이 4개씩 2묶음 있으므로 $4 \times 2=\boxed{}$ (개)입니다.

• 십 모형 8개는 일 모형 $\boxed{}$ 개와 같습니다.

• 따라서 $40 \times 2=\boxed{}$ 입니다.

2 그림을 보고 □ 안에 알맞은 수를 써넣으세요.

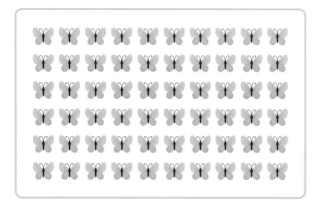

나비가 10마리씩 6줄 있습니다.

$10+10+10+10+10+10=\boxed{}$

➡ $10 \times 6=\boxed{}$

3 주어진 덧셈을 곱셈으로 바르게 나타낸 것을 찾아 ○표 하세요.

$$20+20+20$$

$$20×2$$ $$20×3$$
(   )   (   )

4 보기와 같이 계산해 보세요.

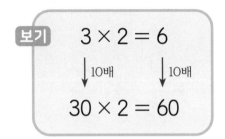

보기
$$3 × 2 = 6$$
↓10배   ↓10배
$$30 × 2 = 60$$

❶ $$3 × 3 = \boxed{}$$
↓10배   ↓10배
$$30 × 3 = \boxed{}$$

❷ $$2 × 2 = \boxed{}$$
↓10배   ↓10배
$$20 × 2 = \boxed{}$$

❸ $$5 × 2 = \boxed{}$$
↓10배   ↓10배
$$50 × 2 = \boxed{}$$

5 계산해 보세요.

❶
```
    2 0
  ×   4
```

❷
```
    1 0
  ×   9
```

❸
```
    3 0
  ×   3
```

6 빈칸에 알맞은 수를 써넣으세요.

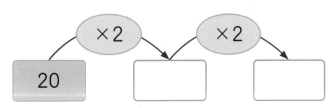

20 →(×2)→ [   ] →(×2)→ [   ]

올림이 없는 (몇십몇)×(몇)

• 12×3의 계산

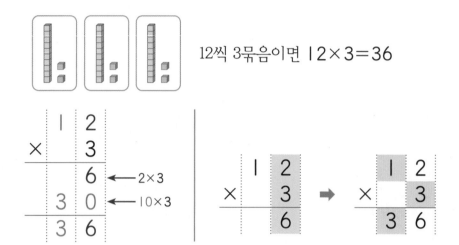

12씩 3묶음이면 12×3=36

```
    1 2
  ×   3
  ─────
      6  ← 2×3
    3 0  ← 10×3
  ─────
    3 6
```

1 수 모형을 보고 □ 안에 알맞은 수를 써넣으세요.

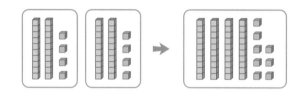

• 일 모형은 4×2=□(개)입니다.

• 십 모형은 2×2=□(개)로 □을 나타냅니다.

• 따라서 24×2=□입니다.

2 그림을 보고 □ 안에 알맞은 수를 써넣으세요.

포도가 12송이씩 4줄 있습니다.

12+12+12+12=□

➡ 12×4=□

3 □ 안에 알맞은 수를 써넣으세요.

①
```
      3 1
  ×     2
  ---------
        2
      □ 0
      6 □
```

②
```
      1 3
  ×     3
  ---------
        □
      □ 0
      □ 9
```

4 계산해 보세요.

①
```
    3 4
  ×   2
```

②
```
    1 2
  ×   2
```

③
```
    3 3
  ×   2
```

5 계산 결과가 같은 것끼리 이어 보세요.

42×2 •   • 21×4

12×4 •   • 22×3

11×6 •   • 24×2

6 □ 안에 알맞은 수를 써넣으세요.

① 32×□=96   ② 41×□=82

십의 자리에서 올림이 있는 (몇십몇)×(몇)

• 43×3의 계산

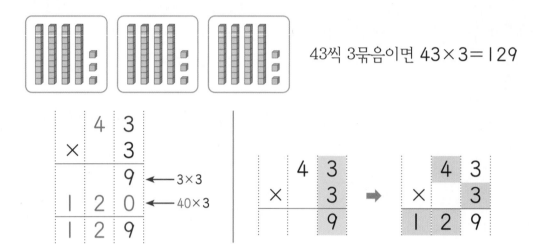

43씩 3묶음이면 43×3=129

1 수 모형을 보고 □ 안에 알맞은 수를 써넣으세요.

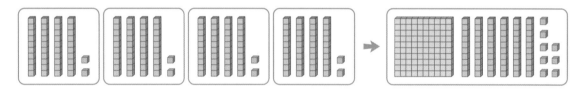

• 일 모형은 2×4=☐(개)입니다.

• 십 모형은 4×☐=☐(개)이므로 ☐을 나타냅니다.

• 따라서 42×4=☐입니다.

2 □ 안에 알맞은 수를 써넣으세요.

❶
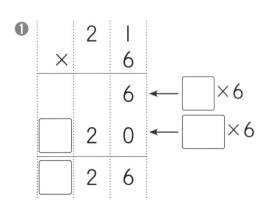

❷
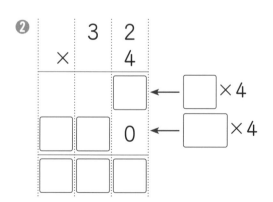

3 ☐ 안에 알맞은 수를 써넣으세요.

4 계산해 보세요.

❶
```
    4 3
  ×   3
```

❷
```
    7 1
  ×   3
```

❸
```
    6 2
  ×   4
```

❹ 82×3=

❺ 93×2=

❻ 51×5=

5 <u>잘못</u> 계산한 곳을 찾아 바르게 계산해 보세요.

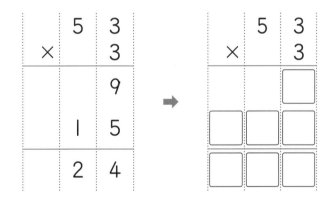

6 빈칸에 알맞은 수를 써넣으세요.

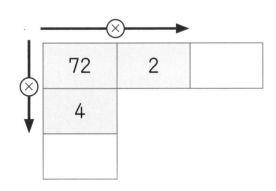

일의 자리에서 올림이 있는 (몇십몇)×(몇)

- **12×6의 계산**

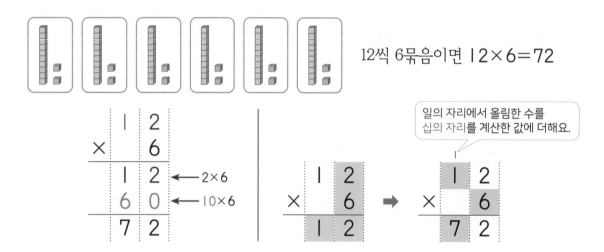

12씩 6묶음이면 12×6=72

일의 자리에서 올림한 수를
십의 자리를 계산한 값에 더해요.

1 수 모형을 보고 □ 안에 알맞은 수를 써넣으세요.

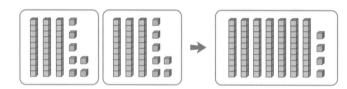

- 일 모형은 7×2=□(개)입니다.

- 십 모형은 3×□=□(개)이므로 □을 나타냅니다.

- 따라서 37×2=□입니다.

2 □ 안에 알맞은 수를 써넣으세요.

❶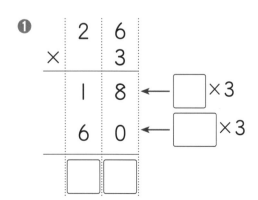

❷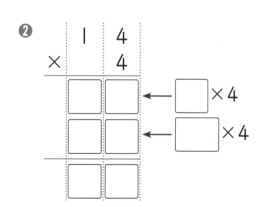

3 계산해 보세요.

❶
```
      1   5
  ×       3
  ─────────
```

❷
```
      2   6
  ×       2
  ─────────
```

❸
```
      4   8
  ×       2
  ─────────
```

4 <u>잘못</u> 계산한 곳을 찾아 바르게 계산해 보세요.

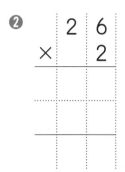

5 계산해 보세요.

❶
```
  □
      2   4
  ×       4
  ─────────
```

❷
```
  □
      4   5
  ×       2
  ─────────
```

❸
```
  □
      1   6
  ×       4
  ─────────
```

6 계산 결과를 비교하여 ◯ 안에 >, =, <를 알맞게 써넣으세요.

❶ 14×6 ◯ 27×3   ❷ 42×2 ◯ 12×7

올림이 두 번 있는 (몇십몇)×(몇)

· **35×4의 계산**

35씩 4묶음이면 35×4=140

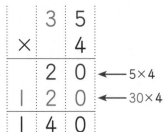

십의 자리를 계산한 값에 일의 자리에서 올림한 수를
더한 후, 십의 자리, 백의 자리에 맞게 수를 써요.

---

1 수 모형을 보고 □ 안에 알맞은 수를 써넣으세요.

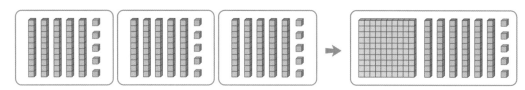

· 일 모형은 5×3=☐(개)입니다.

· 십 모형은 5×☐=☐(개)이므로 ☐을 나타냅니다.

· 따라서 55×3=☐ 입니다.

---

2 계산해 보세요.

❶
```
    4 6
  ×   3
```

❷
```
    7 5
  ×   3
```

❸
```
    8 4
  ×   6
```

3 곱셈식에서 ㉠이 실제로 나타내는 값은 얼마인지 써 보세요.

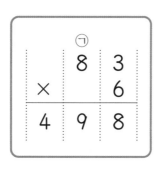

$$\begin{array}{r} \overset{㉠}{8}\ 3 \\ \times\quad\ \ 6 \\ \hline 4\ 9\ 8 \end{array}$$

(   )

4 계산해 보세요.

❶
$$\begin{array}{r} 9\ 3 \\ \times\quad 4 \\ \hline \end{array}$$

❷
$$\begin{array}{r} 5\ 8 \\ \times\quad 5 \\ \hline \end{array}$$

❸
$$\begin{array}{r} 2\ 8 \\ \times\quad 6 \\ \hline \end{array}$$

5 계산 결과가 가장 큰 것을 찾아 번호를 써 보세요. (   )

❶ 42×6 ❷ 38×5 ❸ 25×4

❹ 57×2 ❺ 45×8

6 가장 큰 수와 가장 작은 수의 곱을 구해 보세요.

| 28 | 4 | 59 | 5 |

식 ☐ × ☐ = ☐   답 _____

연습 문제

[1~22] 계산해 보세요.

1 $10 \times 6 = \boxed{}$

2 $20 \times 5 = \boxed{}$

3 $14 \times 2 = \boxed{}$

4 $24 \times 2 = \boxed{}$

5 $61 \times 7 = \boxed{}$

6 $82 \times 3 = \boxed{}$

7 $25 \times 3 = \boxed{}$

8 $16 \times 5 = \boxed{}$

9 $58 \times 3 = \boxed{}$

10 $75 \times 2 = \boxed{}$

11 $63 \times 4 = \boxed{}$

12 $86 \times 5 = \boxed{}$

13
```
    1 2
  ×   4
  ─────
```

14
```
    2 3
  ×   3
  ─────
```

15
```
    2 1
  ×   5
  ─────
```

16
```
    4 2
  ×   3
  ─────
```

17
```
    1 8
  ×   4
  ─────
```

18
```
    2 7
  ×   3
  ─────
```

19
```
    2 9
  ×   6
  ─────
```

20
```
    5 4
  ×   5
  ─────
```

21
```
    6 7
  ×   3
  ─────
```

22
```
    4 4
  ×   6
  ─────
```

단원 평가

1 덧셈을 곱셈식으로 나타내려고 합니다. □ 안에 알맞은 수를 써넣으세요.

$$10+10+10+10 \Rightarrow 10 \times \boxed{} = \boxed{}$$

2 수 모형을 보고 □ 안에 알맞은 수를 써넣으세요.

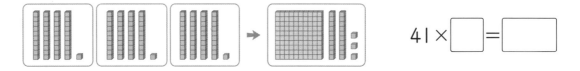

$$41 \times \boxed{} = \boxed{}$$

3 계산해 보세요.

❶
$$\begin{array}{r} 5\ 1 \\ \times\ \ \ 3 \\ \hline \end{array}$$

❷
$$\begin{array}{r} 7\ 5 \\ \times\ \ \ 2 \\ \hline \end{array}$$

4 빈칸에 알맞은 수를 써넣으세요.

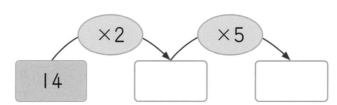

5 계산 결과가 같은 것끼리 이어 보세요.

40×2	•		•	41×4
82×2	•		•	10×8
27×2	•		•	18×3

6 지민이는 줄넘기를 50번 했고, 동규는 지민이의 3배만큼 했습니다. 동규는 줄넘기를 몇 번 했나요?

식 _____   답 _____ 번

7 오른쪽 도형은 한 변의 길이가 16 cm인 정사각형입니다. 이 정사각형의 네 변의 길이의 합은 몇 cm인가요?

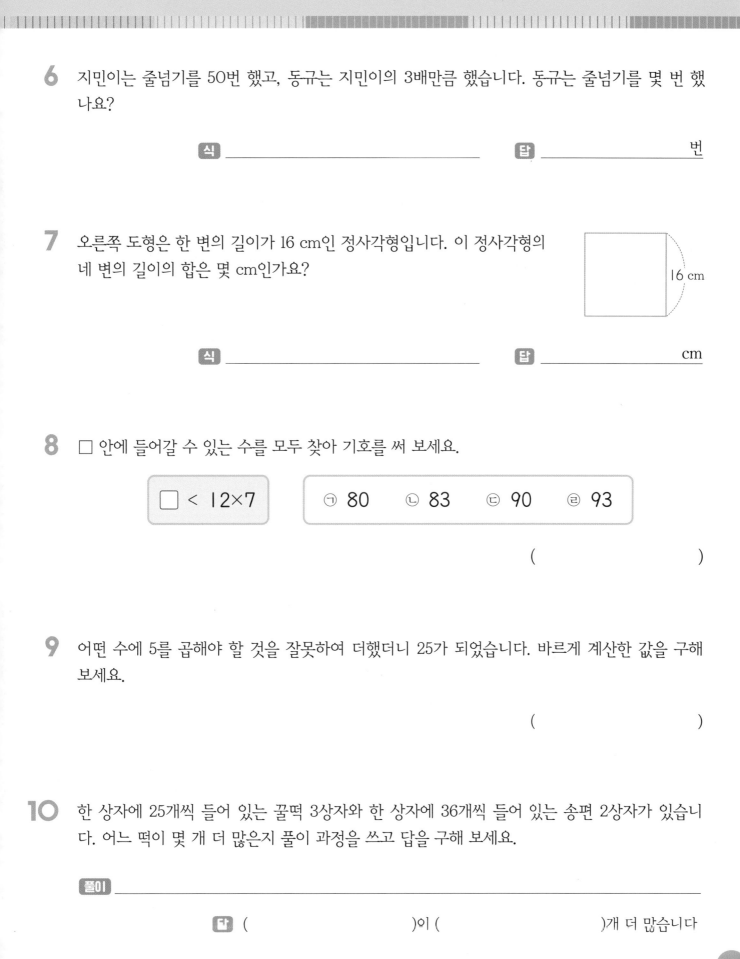

16 cm

식 _____   답 _____ cm

8 □ 안에 들어갈 수 있는 수를 모두 찾아 기호를 써 보세요.

□ < 12×7   ㉠ 80   ㉡ 83   ㉢ 90   ㉣ 93

(   )

9 어떤 수에 5를 곱해야 할 것을 잘못하여 더했더니 25가 되었습니다. 바르게 계산한 값을 구해 보세요.

(   )

10 한 상자에 25개씩 들어 있는 꿀떡 3상자와 한 상자에 36개씩 들어 있는 송편 2상자가 있습니다. 어느 떡이 몇 개 더 많은지 풀이 과정을 쓰고 답을 구해 보세요.

풀이 _____

답 (   )이 (   )개 더 많습니다

1 사탕 한 개에 50원입니다. 사탕을 9개 사려면 얼마가 필요한가요?

식 _____ 답 _____ 원

2 누나의 나이는 12살이고, 아버지의 나이는 누나의 나이의 4배입니다. 아버지의 나이는 몇 살인가요?

식 _____ 답 _____ 살

3 희망초등학교 3학년은 한 반에 21명씩 5개의 반이 있습니다. 희망초등학교 3학년 학생은 모두 몇 명인가요?

식 _____ 답 _____ 명

4 풍선이 한 봉지에 15개씩 들어 있습니다. 3봉지에 들어 있는 풍선은 모두 몇 개인가요?

식 _____ 답 _____ 개

5 농장에서 닭이 달걀을 매일 35개씩 낳았습니다. 닭이 7일 동안 낳은 달걀은 모두 몇 개인가요?

식 _____ 답 _____ 개

5. 길이와 시간

- 1 cm보다 작은 단위

- 1 m보다 큰 단위

- 길이와 거리를 어림하고 재어 보기

- 1분보다 작은 단위

- 시간의 덧셈과 뺄셈

1 cm보다 작은 단위

• 1 mm

1 cm를 10칸으로 똑같이 나누었을 때 작은 눈금 한 칸의 길이를 1 mm라 쓰고
1 밀리미터라고 읽습니다.

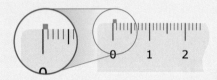   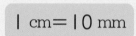

$1\ cm = 10\ mm$

쓰기 **1 mm**
읽기 1 밀리미터

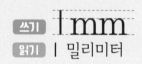

• 5 cm 3 mm

5 cm보다 3 mm 더 긴 것을 5 cm 3 mm라 쓰고 5 센티미터 3 밀리미터라고 읽습니다.

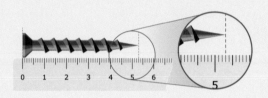

$5\ cm\ 3\ mm = 53\ mm$

---

1 주어진 길이를 쓰고 읽어 보세요.

❶ 　5 mm　　　쓰기 _____　　　읽기 _____

❷ 　1 cm 2 mm　　　쓰기 _____　　　읽기 _____

---

2 수직선을 보고 □ 안에 알맞은 수를 써넣으세요.

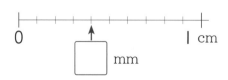

3 □ 안에 알맞은 수를 써넣으세요.

❶ I cm = ☐ mm   ❷ 2 cm = ☐ mm

❸ I5 cm = ☐ mm   ❹ 32 cm = ☐ mm

❺ 45 mm = ☐ cm ☐ mm   ❻ 24 mm = ☐ cm ☐ mm

4 연필의 길이는 얼마인지 □ 안에 알맞은 수를 써넣으세요.

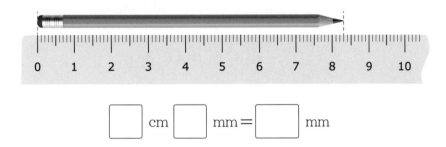

☐ cm ☐ mm = ☐ mm

5 주어진 길이만큼 점선 위에 선을 그어 보세요.

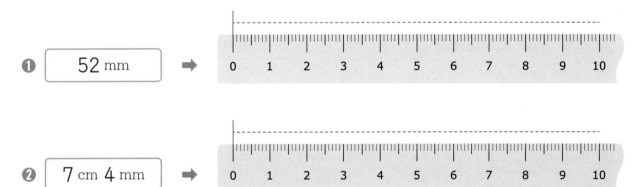

❶ | 52 mm | ➡

❷ | 7 cm 4 mm | ➡

6 길이가 같은 것끼리 이어 보세요.

| 180 mm | •   • | 18 cm |

| 275 mm | •   • | 6 cm 9 mm |

| 69 mm | •   • | 27 cm 5 mm |

1 m보다 큰 단위

· **1 km**

1000 m를 1 km라 쓰고 1 킬로미터라고 읽습니다.

$$1000 m = 1 km$$

쓰기 1 km
읽기 1 킬로미터

· **1 km 400 m**

1 km보다 400 m 더 긴 것을 1 km 400 m라 쓰고 1 킬로미터 400 미터라고 읽습니다.

$$1 km 400 m = 1400 m$$

1 주어진 길이를 쓰고 읽어 보세요.

❶ | 5 km | **쓰기** _____   **읽기** _____

❷ | 1 km 300 m | **쓰기** _____   **읽기** _____

2 ☐ 안에 알맞은 수를 써넣으세요.

❶ 3 km=☐ m   ❷ 5 km=☐ m

❸ 3400 m=☐ km ☐ m   ❹ 6 km 300 m=☐ m

❺ 2184 m=☐ km ☐ m   ❻ 25 km 700 m=☐ m

3 수직선에서 주어진 길이를 찾아 표시해 보세요.

7 km |————————————————————| 8 km

| 7 km 200 m | | 7600 m |

4 길이가 같은 것끼리 이어 보세요.

6 km 300 m •   • 8020 m

4 km 200 m •   • 6300 m

8 km 20 m •   • 4200 m

5 민재네 집에서 할머니 댁까지의 거리는 9 km보다 850 m 더 멉니다. 민재네 집에서 할머니 댁까지의 거리는 몇 m일까요?

(   ) m

6 길이를 비교하여 ○ 안에 >, =, <를 알맞게 써넣으세요.

❶ 3 km 100 m ◯ 310 m   ❷ 5500 m ◯ 5 km 50 m

7 집에서 학교는 1200 m, 병원은 1 km 500 m 떨어져 있습니다. 학교와 병원 중 집에서 거리가 더 가까운 곳은 어디인지 구해 보세요.

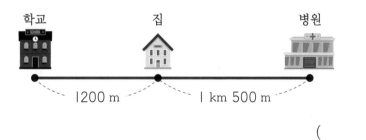

(   )

길이와 거리를 어림하고 재어 보기

• 길이의 어림

길이를 어림할 때에는 약 몇 cm 몇 mm 또는 약 몇 mm라고 나타냅니다.

➡ 어림한 길이: 약 7 cm

➡ 자로 잰 길이: 6 cm 8 mm

• 거리의 어림

집   문구점   학교

약 500 m

➡ 집에서 학교까지의 거리는 집에서 문구점까지의
거리의 2배쯤 되므로 약 1 km로 어림합니다.

• 알맞은 단위 선택하기

 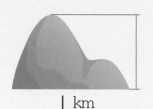

| mm | cm | m | km

---

1 선의 길이를 어림하고 자로 재어 확인해 보세요.

―――――――――――――

어림한 길이	잰 길이
약	

---

2 알맞은 단위에 ○표 하세요.

> • 연필의 길이는 약 18 (mm, cm, m, km)입니다.
> • 수학책의 두께는 약 10 (mm, cm, m, km)입니다.
> • 침대의 길이는 약 2 (mm, cm, m, km)입니다.
> • 한라산의 높이는 약 2 (mm, cm, m, km)입니다.

3 길이가 1 km보다 긴 것을 모두 찾아 기호를 써 보세요.

> ㉠ 책상의 가로 길이   ㉡ 버스의 길이
>
> ㉢ 제주도의 둘레   ㉣ 서울에서 강릉까지의 거리

(   )

4 지도를 보고 거리를 어림해 보세요. (단, 기차역에서 병원까지의 거리는 약 1 km입니다.)

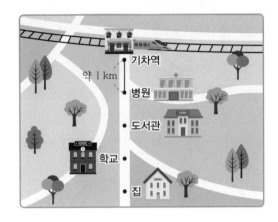

❶ 병원에서 도서관까지의 거리 ➡ 약 ☐ m

❷ 학교에서 기차역까지의 거리 ➡ 약 ☐ km

❸ 집에서 도서관까지의 거리 ➡ 약 ☐ km

5 민호의 일기입니다. 일기를 읽고 민호가 파란색 길을 따라 걸은 거리를 수직선에 나타내고 이날 민호는 모두 몇 km를 걸었는지 구해 보세요.

〈가족과 함께한 산책 길〉

가족들과 함께 산책을 갔다. 입구에서 빨간색 길을 따라서 약수터를 지나 전망대까지 1 km 700 m를 걸었다. 돌아오는 길에는 파란색 길을 따라 호수 주변을 2300 m 걸었다. 즐거운 하루였다.

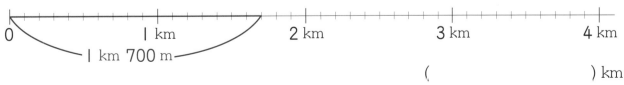

(   ) km

1분보다 작은 단위

- **1초**

초바늘이 작은 눈금 한 칸을 가는 동안 걸리는 시간을 1초라고 합니다.

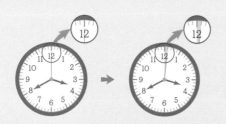

작은 눈금 한 칸=1초

- **60초**

초바늘이 시계를 한 바퀴 도는 데 걸리는 시간은 60초입니다.

1분=60초

1 시각을 읽어 보세요.

❶

☐시 ☐분 ☐초

❷

☐시 ☐분 ☐초

❸

☐시 ☐분 ☐초

❹

7:45:55

☐시 ☐분 ☐초

2 시각에 맞게 초바늘을 그려 보세요.

3 보기를 참고하여 □ 안에 알맞은 수를 써넣으세요.

> 보기 1분=60초   2분=120초   3분=180초

❶ 1분 10초= ☐ 초+10초= ☐ 초

❷ 2분 30초= ☐ 초+30초= ☐ 초

❸ 3분 20초= ☐ 초+20초= ☐ 초

❹ 210초= ☐ 분 ☐ 초

❺ 100초= ☐ 분 ☐ 초

❻ 185초= ☐ 분 ☐ 초

4 보기에서 알맞은 단위를 찾아 □ 안에 써넣으세요.

> 보기   초   분   시간

❶ 50 m를 달리는 데 약 15 ☐ 이/가 걸렸습니다.

❷ 서울에서 강릉까지 기차를 타고 3 ☐ 이/가 걸렸습니다.

❸ 잠자기 전에 양치를 3 ☐ 동안 했습니다.

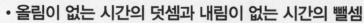

시간의 덧셈과 뺄셈

• 올림이 없는 시간의 덧셈과 내림이 없는 시간의 뺄셈

시는 시끼리 분은 분끼리, 초는 초끼리 계산합니다.

시간의 덧셈	시간의 뺄셈
$\begin{array}{r} 1\ \text{시} \quad 10\ \text{분}\ 20\ \text{초} \\ +\ 2\ \text{시간}\ 20\ \text{분}\ 30\ \text{초} \\ \hline 3\ \text{시} \quad 30\ \text{분}\ 50\ \text{초} \end{array}$	$\begin{array}{r} 3\ \text{시} \quad 40\ \text{분}\ 50\ \text{초} \\ -\ 1\ \text{시간}\ 20\ \text{분}\ 30\ \text{초} \\ \hline 2\ \text{시} \quad 20\ \text{분}\ 20\ \text{초} \end{array}$

• 올림이 있는 시간의 덧셈과 내림이 있는 시간의 뺄셈

1분=60초, 1시간=60분이므로 시간을 더하고 뺄 때에는 60을 기준으로 받아올림 또는 받아내림하여 계산합니다.

올림이 있는 시간의 덧셈	내림이 있는 시간의 뺄셈
$\begin{array}{r} \overset{1}{}\ \\ 5\ \text{시} \quad 15\ \text{분}\ 50\ \text{초} \\ +\ 2\ \text{시간}\ 10\ \text{분}\ 30\ \text{초} \\ \hline 7\ \text{시} \quad 26\ \text{분}\ 20\ \text{초} \end{array}$	$\begin{array}{r} \qquad \overset{29}{}\ \overset{60}{} \\ 5\ \text{시} \quad \cancel{30}\ \text{분}\ 20\ \text{초} \\ -\ 1\ \text{시간}\ 20\ \text{분}\ 40\ \text{초} \\ \hline 4\ \text{시} \quad 9\ \text{분}\ 40\ \text{초} \end{array}$

80초=60초+20초=1분+20초이므로 1분을 올림하여 계산합니다.

20초에서 40초를 뺄 수 없으므로 30분에서 1분(60초)을 내림하여 계산합니다.

---

1 시간의 덧셈을 계산해 보세요.

❶
$\begin{array}{r} 20\ \text{분}\ 25\ \text{초} \\ +\ 20\ \text{분}\ 20\ \text{초} \\ \hline \boxed{}\ \text{분}\ \boxed{}\ \text{초} \end{array}$

❷
$\begin{array}{r} 30\ \text{분}\ 15\ \text{초} \\ +\ 5\ \text{분}\ 5\ \text{초} \\ \hline \boxed{}\ \text{분}\ \boxed{}\ \text{초} \end{array}$

❸
$\begin{array}{r} 1\ \text{시} \quad 10\ \text{분}\ 20\ \text{초} \\ +\ 2\ \text{시간}\ 20\ \text{분}\ 30\ \text{초} \\ \hline \boxed{}\ \text{시}\ \boxed{}\ \text{분}\ \boxed{}\ \text{초} \end{array}$

❹
$\begin{array}{r} 5\ \text{시} \quad 50\ \text{분}\ 30\ \text{초} \\ +\ 3\ \text{시간}\ 5\ \text{분}\ 16\ \text{초} \\ \hline \boxed{}\ \text{시}\ \boxed{}\ \text{분}\ \boxed{}\ \text{초} \end{array}$

2 시간의 뺄셈을 계산해 보세요.

❶
$$\begin{array}{r} 30\ \text{분}\ \ 35\ \text{초} \\ -\ 15\ \text{분}\ \ 20\ \text{초} \\ \hline \end{array}$$
☐ 분 ☐ 초

❷
$$\begin{array}{r} 55\ \text{분}\ \ 25\ \text{초} \\ -\ 13\ \text{분}\ \ 14\ \text{초} \\ \hline \end{array}$$
☐ 분 ☐ 초

❸
$$\begin{array}{r} 3\ \text{시}\ \ 30\ \text{분}\ \ 50\ \text{초} \\ -\ 1\ \text{시간}\ 10\ \text{분}\ \ 20\ \text{초} \\ \hline \end{array}$$
☐ 시 ☐ 분 ☐ 초

❹
$$\begin{array}{r} 8\ \text{시}\ \ 28\ \text{분}\ \ 33\ \text{초} \\ -\ 3\ \text{시간}\ 13\ \text{분}\ \ 16\ \text{초} \\ \hline \end{array}$$
☐ 시 ☐ 분 ☐ 초

3 시간의 계산에서 <u>잘못</u> 계산한 곳을 찾아 바르게 계산해 보세요.

$$\begin{array}{r} 3\ \text{시}\ \ 30\ \text{분} \\ +\ \qquad 40\ \text{분} \\ \hline 3\ \text{시}\ \ 70\ \text{분} \end{array}$$
➡
$$\begin{array}{r} 3\ \text{시}\ \ 30\ \text{분} \\ +\ \qquad 40\ \text{분} \\ \hline \end{array}$$
☐ 시 ☐ 분

4 세정이는 5시 10분부터 1시간 30분 동안 영화를 봤습니다. 영화가 끝난 시각은 몇 시 몇 분인지 시계에 나타내고 구해 보세요.

1시간 30분 후 ➡

☐ 시 ☐ 분

5 기차 승차권을 보고 서울에서 춘천까지 기차를 타고 가는 데 걸리는 시간은 몇 시간 몇 분인지 구해 보세요.

승차권
20○○년 5월 4일
서울 ▶ 춘천
10 : 15   11 : 50

☐ 시간 ☐ 분

연습 문제

1 보기와 같이 □ 안에 알맞은 수를 써넣으세요.

> 보기   125 mm = ☐12☐ cm ☐5☐ mm

❶ 135 mm = ☐ cm ☐ mm   ❷ 64 mm = ☐ cm ☐ mm

❸ 372 mm = ☐ cm ☐ mm   ❹ 98 mm = ☐ cm ☐ mm

❺ 189 mm = ☐ cm ☐ mm   ❻ 207 mm = ☐ cm ☐ mm

2 보기와 같이 □ 안에 알맞은 수를 써넣으세요.

> 보기   1800 m = ☐1☐ km ☐800☐ m

❶ 3200 m = ☐ km ☐ m   ❷ 1240 m = ☐ km ☐ m

❸ 5780 m = ☐ km ☐ m   ❹ 2400 m = ☐ km ☐ m

❺ 1050 m = ☐ km ☐ m   ❻ 4850 m = ☐ km ☐ m

3 □ 안에 알맞은 수를 써넣으세요.

❶ 90초 = ☐ 분 ☐ 초   ❷ 1분 50초 = ☐ 초

❸ 210초 = ☐ 분 ☐ 초   ❹ 2분 20초 = ☐ 초

❺ 490초 = ☐ 분 ☐ 초   ❻ 4분 40초 = ☐ 초

❼ 365초 = ☐ 분 ☐ 초   ❽ 3분 50초 = ☐ 초

4 □ 안에 알맞은 수를 써넣으세요.

❶
    1 분 15 초
+ 4 분 35 초
────────────
□ 분 □ 초

❷
   15 분 14 초
+ 11 분 22 초
────────────
□ 분 □ 초

❸
   37 분 16 초
+ 18 분 40 초
────────────
□ 분 □ 초

❹
   14 분 45 초
− 2 분 19 초
────────────
□ 분 □ 초

❺
   28 분 55 초
− 13 분 24 초
────────────
□ 분 □ 초

❻
   48 분 41 초
− 17 분 27 초
────────────
□ 분 □ 초

❼
  □
   5 분 30 초
+ 3 분 50 초
────────────
□ 분 □ 초

❽
  □
  50 분 45 초
+ 3 분 25 초
────────────
□ 분 □ 초

❾
  □
  40 분 38 초
+ 13 분 47 초
────────────
□ 분 □ 초

❿
  □   □
   4 분 30 초
− 1 분 40 초
────────────
□ 분 □ 초

⓫
  □   □
  26 분 15 초
− 11 분 20 초
────────────
□ 분 □ 초

⓬
  □   □
  25 분 7 초
− 17 분 10 초
────────────
□ 분 □ 초

단원 평가

1 수직선을 보고 □ 안에 알맞은 수를 써넣으세요.

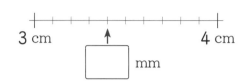

3 cm   4 cm

□ mm

2 볼펜의 길이는 얼마인지 □ 안에 알맞은 수를 써넣으세요.

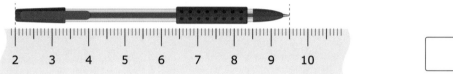

□ cm □ mm

3 길이가 짧은 것부터 차례로 기호를 써 보세요.

㉠ 2 km 100 m   ㉡ 2 km 400 m   ㉢ 2000 m   ㉣ 2 km 50 m

(   )

4 알맞은 것끼리 이어 보세요.

가위의 길이	•	•	약 1 km
교과서의 두께	•	•	약 20 cm
한강 다리의 길이	•	•	약 15 mm

5 집에서 도서관까지의 거리는 약 몇 km 몇 m일까요?

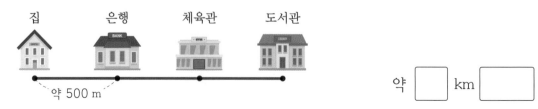

집   은행   체육관   도서관

약 500 m

약 □ km □ m

6 시각을 읽어 보세요.

❶

☐ 시 ☐ 분 ☐ 초

❷

☐ 시 ☐ 분 ☐ 초

7 ☐ 안에 알맞은 수를 써넣으세요.

❶ 5분 50초 = ☐ 초

❷ 329초 = ☐ 분 ☐ 초

8 계산해 보세요.

❶
```
    6 시  24 분  40 초
 +  3 시간 14 분  30 초
```
☐ 시 ☐ 분 ☐ 초

❷
```
    8 시  20 분  43 초
 -  4 시간 15 분  22 초
```
☐ 시 ☐ 분 ☐ 초

9 유섭이는 3시부터 1시간 15분 동안 그림을 그렸습니다. 그림 그리기가 끝난 시각은 몇 시 몇 분 인지 구해 보세요.

☐ 시 ☐ 분

10 동훈이가 3분 15초 동안 피아노를 연주했더니 9시 40분 30초가 되었습니다. 동훈이가 연주를 시작한 시각은 몇 시 몇 분 몇 초인지 구해 보세요.

☐ 시 ☐ 분 ☐ 초

실력 키우기

1 연필의 길이는 12 cm보다 5 mm 더 깁니다. 연필의 길이는 몇 mm인지 구해 보세요.

(   ) mm

2 가양대교는 1 km보다 700 m 더 깁니다. 가양대교의 길이는 몇 m인지 구해 보세요.

(   ) m

3 희망천 산책로의 길이는 4350 m이고, 구름천 산책로의 길이는 4 km 800 m입니다. 산책로의 길이가 더 긴 곳은 어디인지 구해 보세요.

(   )

4 6시 25분 10초에 피자를 배달 주문했습니다. 피자를 만들어 집까지 배달하는 데 걸리는 시간이 30분 30초라면 피자가 집에 배달되는 시각은 몇 시 몇 분 몇 초인지 구해 보세요.

(   )시 (   )분 (   )초

5 노래를 민서는 125초 동안, 윤지는 2분 30초 동안 불렀습니다. 윤지는 민서보다 노래를 몇 초 동안 더 불렀는지 구해 보세요.

(   )초

6. 분수와 소수

- 똑같이 나누기

- 분수 알아보기

- 분수로 나타내기

- 분모가 같은 분수의 크기 비교하기

- 단위분수의 크기 비교하기

- 소수 알아보기(1)

- 소수 알아보기(2)

- 소수의 크기 비교하기

똑같이 나누기

• 똑같이 둘로 나누기

똑같이 나누어진 조각의 모양과 크기는 같습니다.

1 똑같이 나누어진 도형을 찾아 ○표 하세요.

(   )   (   )   (   )

2 똑같이 셋으로 나누어진 도형을 찾아 ○표 하세요.

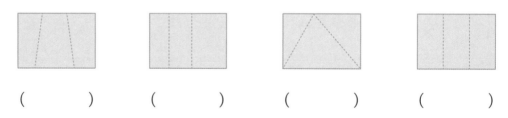

(   )   (   )   (   )   (   )

3 똑같이 넷으로 나누어진 도형을 찾아 ○표 하세요.

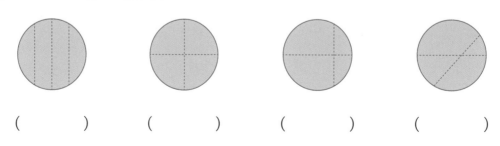

(   )   (   )   (   )   (   )

4 똑같이 몇 조각으로 나눈 것인지 □ 안에 알맞은 수를 써넣으세요.

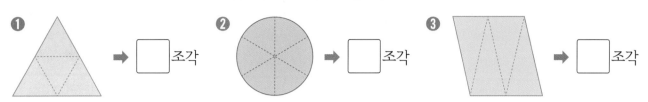

❶ ➡ ☐ 조각   ❷ ➡ ☐ 조각   ❸ ➡ ☐ 조각

5 도형을 나누고 바르게 설명한 것에 ◯표 하세요.

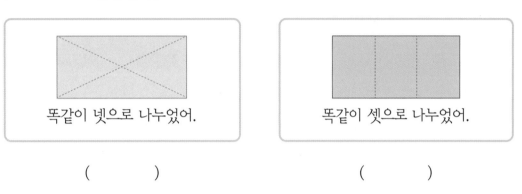

똑같이 넷으로 나누었어.   똑같이 셋으로 나누었어.

(   )   (   )

6 선을 그어 사각형을 주어진 수만큼 똑같이 나누어 보세요.

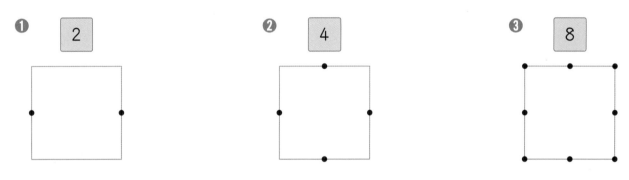

❶ 2   ❷ 4   ❸ 8

7 선을 그어 원을 주어진 수만큼 똑같이 나누어 보세요.

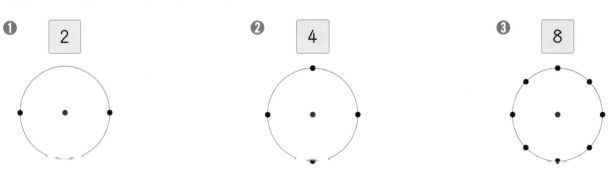

❶ 2   ❷ 4   ❸ 8

분수 알아보기

 전체를 똑같이 셋(3)으로 나눈 것 중의 하나(1)를 $\frac{1}{3}$ 이라 쓰고 3분의 1이라고 읽습니다.

$$\frac{1}{3} = \frac{분자}{분모} = \frac{부분}{전체}$$

1 □ 안에 알맞은 수를 써넣으세요.

❶ 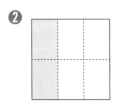 색칠한 부분은 전체를 똑같이 2로 나눈 것 중의 □이므로

$\dfrac{□}{2}$ 이라 쓰고 2분의 □ (이)라고 읽습니다.

❷ 색칠한 부분은 전체를 똑같이 □(으)로 나눈 것 중의 □이므로

$\dfrac{□}{□}$ 라 쓰고 □분의 □ (이)라고 읽습니다.

2 □ 안에 알맞은 수를 써넣으세요.

❶ 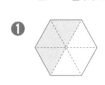 부분 은 전체 를 똑같이 □(으)로 나눈 것 중의

□이므로 $\dfrac{□}{□}$ 입니다.

❷ 부분 은 전체 를 똑같이 □(으)로 나눈 것 중의

□이므로 $\dfrac{□}{□}$ 입니다.

3 $\frac{1}{2}$ 만큼 색칠한 것을 모두 찾아 ◯표 하세요.

   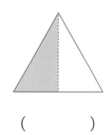   

(   )   (   )   (   )

4 분수에 맞게 색칠한 것을 찾아 ◯표 하세요.

❶ $\frac{3}{4}$

(   )   (   )   (   )

❷ $\frac{1}{6}$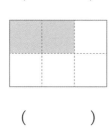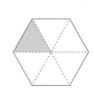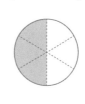

(   )   (   )   (   )

5 관계있는 것끼리 이어 보세요.

  •   • $\frac{4}{5}$ •   • 3분의 2

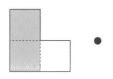 •   • $\frac{2}{3}$ •   • 5분의 4

분수로 나타내기

• 색칠한 부분을 분수로 나타내기

빨강: 전체를 똑같이 5조각으로 나눈 것 중 3조각 ➡ 전체의 $\frac{3}{5}$

파랑: 전체를 똑같이 5조각으로 나눈 것 중 2조각 ➡ 전체의 $\frac{2}{5}$

1 지수는 피자를 똑같이 8조각으로 나눈 것 중 3조각을 먹었습니다. □ 안에 알맞은 수를 써넣으세요.

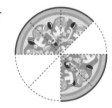

❶ 남은 피자는 피자를 똑같이 8조각으로 나눈 것 중 ☐ 조각입니다.

➡ 남은 부분은 전체의 $\frac{\square}{\square}$ 입니다.

❷ 먹은 피자는 피자를 똑같이 8조각으로 나눈 것 중 ☐ 조각입니다.

➡ 먹은 부분은 전체의 $\frac{\square}{\square}$ 입니다.

2 전체를 똑같이 6으로 나눈 것 중의 2만큼 색칠했습니다. 색칠한 부분과 색칠하지 않은 부분을 분수로 나타내어 보세요.

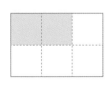   • 색칠한 부분 ➡ 전체의 $\frac{\square}{\square}$ • 색칠하지 않은 부분 ➡ 전체의 $\frac{\square}{\square}$

3 주어진 분수만큼 색칠해 보세요.

❶ $\dfrac{1}{5}$

❷ $\dfrac{3}{4}$

❸ $\dfrac{2}{6}$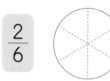

4 초콜릿의 남은 부분과 먹은 부분을 분수로 나타내어 보세요.

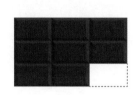

• 남은 부분 ➡ 전체의 $\dfrac{\boxed{}}{\boxed{}}$ • 먹은 부분 ➡ 전체의 $\dfrac{\boxed{}}{\boxed{}}$

5 부분 을 보고 전체에 알맞은 도형을 찾아 ○표 하세요.

부분 은 전체를 똑같이 4로 나눈 것 중의 2입니다.

(   )   (   )   (   )   (   )

6 보기 와 같이 부분을 보고 전체를 그려 보세요.

보기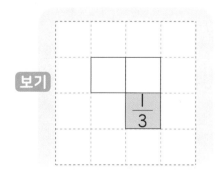

❶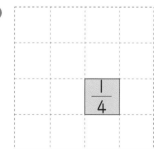

❷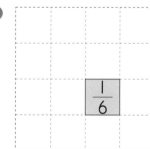

분모가 같은 분수의 크기 비교하기

• $\frac{2}{6}$ 와 $\frac{4}{6}$ 의 크기 비교

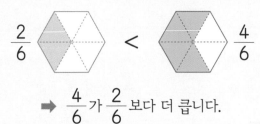

$\frac{2}{6}$ < $\frac{4}{6}$

➡ $\frac{4}{6}$ 가 $\frac{2}{6}$ 보다 더 큽니다.

분모가 같은 분수는 분자가 클수록 더 큰 분수입니다.

1 각각 $\frac{2}{5}$ 와 $\frac{4}{5}$ 만큼 색칠하고, 알맞은 말에 ○표 하세요.

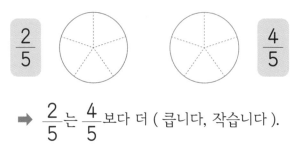

➡ $\frac{2}{5}$ 는 $\frac{4}{5}$ 보다 더 (큽니다, 작습니다).

2 각각 $\frac{4}{7}$ 와 $\frac{6}{7}$ 만큼 색칠하고, ○ 안에 >, =, <를 알맞게 써넣으세요.

$\frac{1}{7}$	$\frac{1}{7}$	$\frac{1}{7}$	$\frac{1}{7}$	$\frac{1}{7}$	$\frac{1}{7}$	$\frac{1}{7}$

$\frac{1}{7}$	$\frac{1}{7}$	$\frac{1}{7}$	$\frac{1}{7}$	$\frac{1}{7}$	$\frac{1}{7}$	$\frac{1}{7}$

$\frac{4}{7}$ ○ $\frac{6}{7}$

3 주어진 분수만큼 색칠하고, ○ 안에 >, =, <를 알맞게 써넣으세요.

❶ $\frac{2}{3}$ ○ $\frac{1}{3}$

❷ $\frac{2}{4}$ ○ $\frac{3}{4}$

4 두 분수의 크기를 비교하여 ◯ 안에 >, =, <를 알맞게 써넣으세요.

❶ $\dfrac{7}{8}$ ◯ $\dfrac{3}{8}$

❷ $\dfrac{5}{9}$ ◯ $\dfrac{8}{9}$

5 분모가 11인 분수 중에서 $\dfrac{3}{11}$ 보다 크고 $\dfrac{9}{11}$ 보다 작은 분수를 모두 찾아 써 보세요.

$$\dfrac{1}{11} \qquad \dfrac{8}{11} \qquad \dfrac{10}{11} \qquad \dfrac{5}{11} \qquad \dfrac{4}{11}$$

(   )

6 수지와 은우의 대화를 읽고, 보기 에서 알맞은 분수를 찾아 써 보세요.

보기 $\dfrac{5}{7}$ $\dfrac{1}{7}$ $\dfrac{3}{7}$

$\dfrac{2}{7}$ 보다 큰 수야.

$\dfrac{1}{7}$ 이 4개인 수보다는 작아.

수지   은우

(   )

7 1부터 9까지의 수 중에서 ☐ 안에 들어갈 수 있는 수를 모두 써 보세요.

$$\dfrac{\square}{6} < \dfrac{4}{6}$$

(   )

단위분수의 크기 비교하기

• $\frac{1}{2}$과 $\frac{1}{4}$의 크기 비교

단위분수: 분수 중에서 $\frac{1}{2}$, $\frac{1}{3}$, $\frac{1}{4}$과 같이 분자가 1인 분수

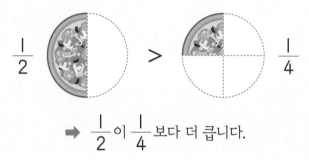

$\frac{1}{2}$ > $\frac{1}{4}$

➡ $\frac{1}{2}$이 $\frac{1}{4}$보다 더 큽니다.

단위분수는 분모가 작을수록 더 큰 수입니다.

1 □ 안에 알맞은 수를 써넣으세요.

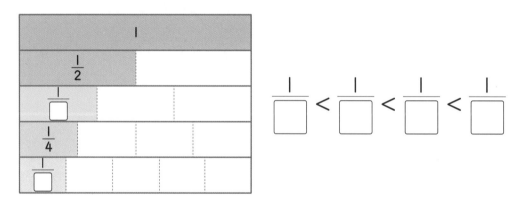

$\frac{1}{\square}$ < $\frac{1}{\square}$ < $\frac{1}{\square}$ < $\frac{1}{\square}$

2 그림을 보고 ○ 안에 >, =, <를 알맞게 써넣으세요.

$\frac{1}{8}$ ○ $\frac{1}{4}$

3 각각 $\frac{1}{2}$과 $\frac{1}{4}$만큼 색칠하고, ○ 안에 >, =, <를 알맞게 써넣으세요.

$\frac{1}{2}$ ○ $\frac{1}{4}$

4 두 분수의 크기를 비교하여 ○ 안에 >, =, <를 알맞게 써넣으세요.

❶ $\dfrac{1}{3}$ ◯ $\dfrac{1}{7}$
❷ $\dfrac{1}{8}$ ◯ $\dfrac{1}{5}$
❸ $\dfrac{1}{9}$ ◯ $\dfrac{1}{10}$

5 동규와 유섭이가 먹고 남은 피자의 양을 분수로 나타내고, 남은 피자가 더 많은 친구의 이름을 써 보세요.

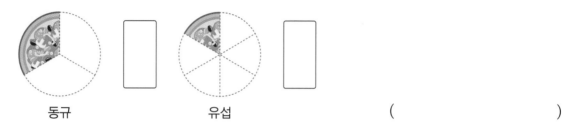

동규 　　　　유섭 　　　　(　　　　　　　)

6 단위분수의 크기를 비교하여 크기가 작은 분수부터 차례로 써 보세요.

$\dfrac{1}{12}$ 　 $\dfrac{1}{3}$ 　 $\dfrac{1}{8}$ 　 $\dfrac{1}{7}$ 　 □ < □ < □ < □

7 현지, 민수, 정후는 길이가 똑같은 리본을 1개씩 가지고 있습니다. 친구들의 대화를 읽고 리본을 가장 많이 사용한 사람의 이름을 써 보세요.

> 현지: 나는 리본을 전체의 $\dfrac{1}{4}$ 만큼 사용했어.
>
> 민수: 나는 리본을 전체의 $\dfrac{1}{2}$ 만큼 사용했어.
>
> 정후: 나는 리본을 전체의 $\dfrac{1}{8}$ 만큼 사용했어.

(　　　　　　　)

소수 알아보기 (1)

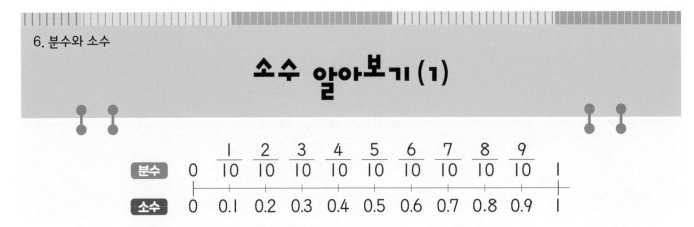

| 분수 | 0 | $\frac{1}{10}$ | $\frac{2}{10}$ | $\frac{3}{10}$ | $\frac{4}{10}$ | $\frac{5}{10}$ | $\frac{6}{10}$ | $\frac{7}{10}$ | $\frac{8}{10}$ | $\frac{9}{10}$ | 1 |

| 소수 | 0 | 0.1 | 0.2 | 0.3 | 0.4 | 0.5 | 0.6 | 0.7 | 0.8 | 0.9 | 1 |

- 0.1, 0.2, 0.3과 같은 수를 소수라고 하고, ' . '을 소수점이라고 합니다.
- 분수 $\frac{1}{10}$을 0.1이라고 쓰고 영 점 일이라고 읽습니다.

1 □ 안에 알맞은 수를 써넣으세요.

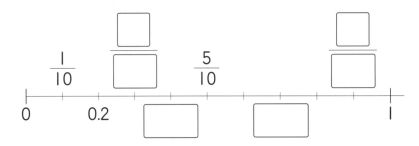

2 색칠한 부분을 소수로 나타내고 읽어 보세요.

❶ 0.1이 □개인 수   쓰기 (   )   읽기 (   )

❷ 0.1이 □개인 수   쓰기 (   )   읽기 (   )

3 — 부분을 분수와 소수로 나타내어 보세요.

분수 □/□   소수 □

4 주어진 소수만큼 색칠해 보세요.

❶ 0.7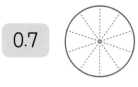

❷ 0.9

5 분수를 소수로, 소수를 분수로 나타내어 보세요.

❶ $\dfrac{5}{10}$ = ☐

❷ $\dfrac{9}{10}$ = ☐

❸ 0.2 = $\dfrac{\square}{\square}$

❹ 0.7 = $\dfrac{\square}{\square}$

6 나타내는 수만큼 색칠하고, 분수와 소수로 나타내어 보세요.

❶ 0.1이 8개인 수

분수 $\dfrac{\square}{\square}$ 소수 ☐

❷ 0.1이 4개인 수

분수 $\dfrac{\square}{\square}$ 소수 ☐

7 ☐ 안에 알맞은 수를 써넣으세요.

❶ 0.1이 5개인 수를 소수로 나타내면 ☐ 입니다.

❷ $\dfrac{1}{10}$이 6개인 수를 분수로 나타내면 $\dfrac{\square}{\square}$ 이고, 소수로 나타내면 ☐ 입니다.

소수 알아보기 (2)

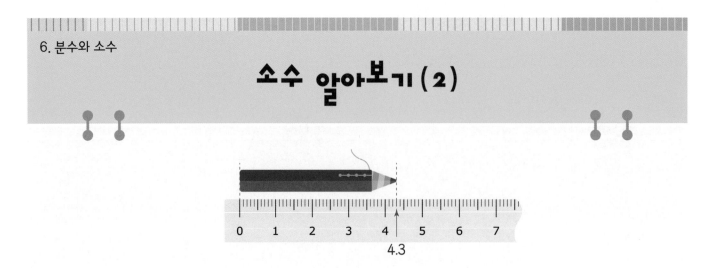

4.3

4와 0.3만큼을 4.3이라고 쓰고 사 점 삼이라고 읽습니다.

1 그림을 보고 □ 안에 알맞은 소수나 말을 써넣으세요.

색칠한 부분은 2와 0.4만큼이므로

색칠한 부분을 소수로 나타내면 [   ]라고 쓰고 [   ]라고 읽습니다.

2 그림을 보고 □ 안에 알맞은 수를 써넣으세요.

❶ ─ 부분을 소수로 나타내면 [   ]입니다.

❷ ─ 부분은 0.1이 [   ]개입니다.

3 수직선을 보고 □ 안에 알맞은 소수를 써넣으세요.

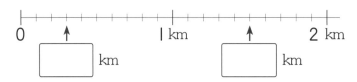

[   ] km   [   ] km

4 주어진 소수만큼 색칠해 보세요.

❶ 1.9

❷ 2.3

5 □ 안에 알맞은 수를 써넣으세요.

❶ 8 cm 1 mm = ☐ cm

❷ 12 cm 8 mm = ☐ cm

❸ 57 mm = ☐ cm

❹ 63 mm = ☐ cm

6 물이 모두 몇 컵인지 소수로 나타내어 보세요.

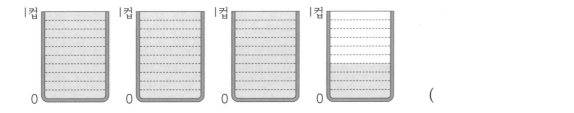

(   )컵

7 관계있는 것끼리 이어 보세요.

0.1이 41개인 수	•		•	2.9
0.1이 29개인 수	•		•	5.5
0.1이 55개인 수	•		•	4.1

소수의 크기 비교하기

- **자연수 부분이 같은 경우**

  소수 부분의 수가 클수록 더 큰 수입니다.

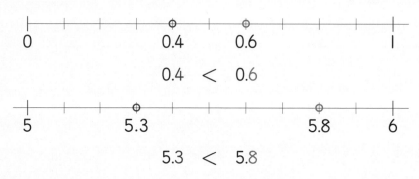

$$0.4 \ < \ 0.6$$

$$5.3 \ < \ 5.8$$

- **자연수 부분이 다른 경우**

  자연수 부분의 수가 클수록 더 큰 수입니다.

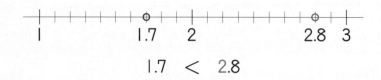

$$1.7 \ < \ 2.8$$

1 색칠한 부분을 소수로 나타내고, ○ 안에 >, =, <를 알맞게 써넣으세요.

| 0.1 | 0.1 | 0.1 | | | | | | | |

| 0.1 | 0.1 | 0.1 | 0.1 | 0.1 | 0.1 | 0.1 | 0.1 | | |

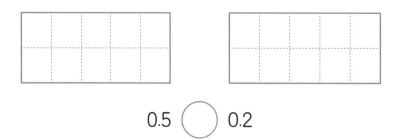

2 주어진 소수만큼 색칠하고, ○ 안에 >, =, <를 알맞게 써넣으세요.

$$0.5 \ \bigcirc \ 0.2$$

3 소수를 수직선에 ─로 나타내고, ◯ 안에 >, =, <를 알맞게 써넣으세요.

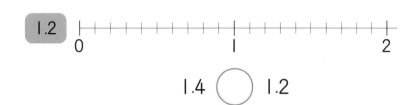

1.4 ◯ 1.2

4 두 소수의 크기를 비교하여 ◯ 안에 >, =, <를 알맞게 써넣으세요.

❶ 3.8 ◯ 5.4   ❷ 7.5 ◯ 8.8

5 소수를 각각 수직선에 나타내고 작은 소수부터 차례로 써 보세요.

| 1.2 | 2.1 | 2.6 | 0.5 |

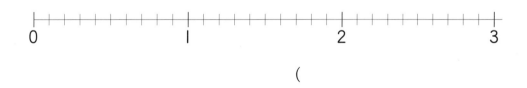

(   )

6 가장 큰 수를 찾아 기호를 써 보세요.

ㄱ 0.1이 5개인 수   ㄴ $\frac{6}{10}$

ㄷ 0.1이 12개인 수   ㄹ 1보다 0.7만큼 더 큰 수

(   )

연습 문제

1 주어진 분수만큼 색칠해 보세요.

❶

❷ $\dfrac{6}{8}$

2 색칠한 부분과 색칠하지 않은 부분을 분수로 나타내어 보세요.

• 색칠한 부분 ➡ 전체의

• 색칠하지 않은 부분 ➡ 전체의

3 두 분수의 크기를 비교하여 ◯ 안에 >, =, <를 알맞게 써넣으세요.

❶ $\dfrac{2}{6}$ ◯ $\dfrac{4}{6}$

❷ $\dfrac{2}{7}$ ◯ $\dfrac{6}{7}$

❸ $\dfrac{5}{10}$ ◯ $\dfrac{7}{10}$

❹ $\dfrac{6}{9}$ ◯ $\dfrac{3}{9}$

4 두 단위분수의 크기를 비교하여 ◯ 안에 >, =, <를 알맞게 써넣으세요.

❶ $\dfrac{1}{2}$ ◯ $\dfrac{1}{4}$

❷ $\dfrac{1}{7}$ ◯ $\dfrac{1}{3}$

❸ $\dfrac{1}{10}$ ◯ $\dfrac{1}{12}$

❹ $\dfrac{1}{5}$ ◯ $\dfrac{1}{8}$

5 분수를 소수로 나타내어 보세요.

❶ $\dfrac{1}{10}$ = ☐ ❷ $\dfrac{3}{10}$ = ☐

❸ $\dfrac{9}{10}$ = ☐ ❹ $\dfrac{5}{10}$ = ☐

6 ☐ 안에 알맞은 수나 말을 써넣으세요.

❶ 0.1이 8개이면 ☐ 이고 ☐ (이)라고 읽습니다.

❷ 0.1이 12개이면 ☐ 이고 ☐ (이)라고 읽습니다.

❸ 3.1는 0.1이 ☐ 개이고 ☐ (이)라고 읽습니다.

❹ 5.5는 0.1이 ☐ 개이고 ☐ (이)라고 읽습니다.

7 ☐ 안에 알맞은 수를 써넣으세요.

❶ 2 cm 4 mm = ☐ cm ❷ 1 cm 8 mm = ☐ cm

❸ 63 mm = ☐ cm ❹ 32 mm = ☐ cm

8 두 소수의 크기를 비교하여 ◯ 안에 >, =, <를 알맞게 써넣으세요.

❶ 2.1 ◯ 4.4 ❷ 3.5 ◯ 8.6

❸ 1.2 ◯ 0.4 ❹ 12.5 ◯ 10.9

1 똑같이 나누어진 도형을 찾아 ○표 하세요.

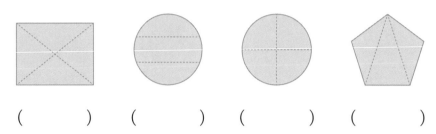

(　　　) 　(　　　) 　(　　　) 　(　　　)

2 관계있는 것끼리 이어 보세요.

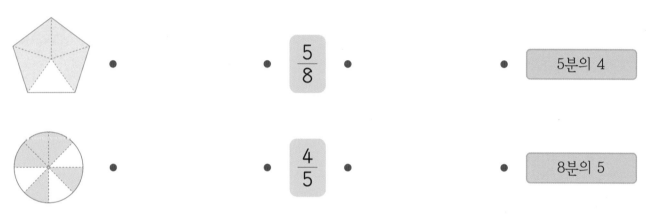

$\dfrac{5}{8}$　　　5분의 4

$\dfrac{4}{5}$　　　8분의 5

3 두 분수의 크기를 비교하여 ○ 안에 >, =, <를 알맞게 써넣으세요.

❶ $\dfrac{3}{6}$ ◯ $\dfrac{5}{6}$　　　❷ $\dfrac{7}{9}$ ◯ $\dfrac{4}{9}$　　　❸ $\dfrac{2}{11}$ ◯ $\dfrac{6}{11}$

4 가장 큰 분수에 ○표, 가장 작은 분수에 △표 하세요.

$\dfrac{2}{8}$　$\dfrac{7}{8}$　$\dfrac{6}{8}$　$\dfrac{5}{8}$

5 가장 큰 분수와 가장 작은 분수를 찾아 써 보세요.

$\dfrac{1}{5}$　$\dfrac{1}{8}$　$\dfrac{1}{2}$　$\dfrac{1}{10}$

가장 큰 분수 (　　　　　　　)

가장 작은 분수 (　　　　　　　)

6 색칠한 부분을 분수와 소수로 나타내어 보세요.

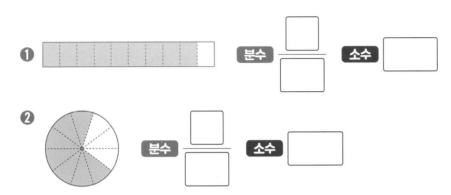

❶ [막대 그림] 분수 ⬜/⬜ 소수 ⬜

❷ [원 그림] 분수 ⬜/⬜ 소수 ⬜

7 □ 안에 알맞은 수를 써넣으세요.

❶ 4.8은 0.1이 ⬜ 개입니다.

❷ 0.1이 73개이면 ⬜ 입니다.

8 0.4보다 크고 $\frac{8}{10}$보다 작은 수는 모두 몇 개일까요?

$$0.6 \quad \frac{7}{10} \quad 0.3 \quad \frac{9}{10} \quad 0.5$$

( )개

9 종이띠 1 m를 똑같이 10조각으로 나누었습니다. 민후는 10조각 중에서 2조각을 사용했고, 수영이는 10조각 중에서 4조각을 사용했습니다. 민후와 수영이가 사용한 종이띠의 길이만큼 색칠하고 소수로 나타내어 보세요.

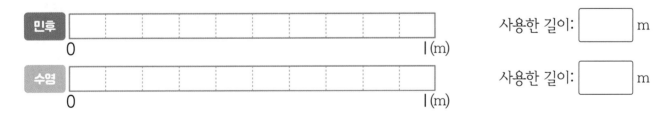

사용한 길이: ⬜ m

사용한 길이: ⬜ m

10 삼촌네 밭 전체의 $\frac{5}{10}$에는 감자를, $\frac{1}{10}$에는 가지를 심었습니다. 아직 채소를 심지 않은 부분은 전체의 얼마인지 소수로 나타내어 보세요.

( )

실력 키우기

1 색종이를 똑같이 8조각으로 잘라서 민지는 3조각, 혜정이는 5조각을 가졌습니다. 민지와 혜정이가 가진 색종이의 양을 분수로 나타내어 보세요.

• 민지가 가진 색종이의 양 ➡ □/□   • 혜정이가 가진 색종이의 양 ➡ □/□

2 할아버지 댁 텃밭 전체를 똑같이 6부분으로 나누었습니다. 전체의 $\frac{2}{6}$에는 당근을 심었고, 나머지 부분에는 호박을 심으려고 합니다. 호박을 심을 부분은 전체의 얼마인지 분수로 나타내어 보세요.

호박을 심을 부분 ➡ □/□

3 현수네 집에서 학교까지의 거리는 $\frac{4}{10}$ km이고, 슈퍼마켓까지의 거리는 $\frac{9}{10}$ km입니다. 학교와 슈퍼마켓 중 집에서 더 가까운 곳은 어디인지 구해 보세요.

(   )

4 피자 한 판을 똑같이 10조각으로 나누었습니다. 민서는 전체의 $\frac{3}{10}$만큼 먹었고, 주호는 전체의 0.5만큼 먹었습니다. 피자를 더 많이 먹은 사람은 누구인지 구해 보세요.

(   )

5 몸무게가 1년 동안 택수는 3.5 kg, 승민이는 2.8 kg 늘었습니다. 몸무게가 더 많이 늘어난 사람은 누구인지 구해 보세요.

(   )

정답과 풀이

1. 덧셈과 뺄셈

받아올림이 없는 (세 자리수)+(세 자리수)

• 145+352의 계산

$$145+352=497$$

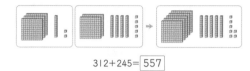

각 자리의 숫자를 맞추어 쓰기 ➔ 일의 자리, 십의 자리, 백의 자리끼리 더하기

1 수 모형을 보고 계산해 보세요.

$$312+245=\boxed{557}$$

2 □ 안에 알맞은 수를 써넣으세요.

	2	6	4			2	6	4			2	6	4
+	1	2	3	➔	+	1	2	3	➔	+	1	2	3
			7				8	7			3	8	7

3 계산해 보세요.

❶
```
  1 2 5
+ 6 1 3
─────
  7 3 8
```

❷
```
  2 7 6
+ 3 2 1
─────
  5 9 7
```

4 빈칸에 알맞은 수를 써넣으세요.

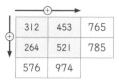

	+→	
312	453	765
264	521	785
576	974	

5 계산 결과를 비교하여 ○ 안에 >, =, <를 알맞게 써넣으세요.

❶ 234+335 ⟨<⟩ 420+372
=569 　　=792

❷ 350+312 ⟨>⟩ 452+122
=662 　　=574

6 어느 과일 가게에 사과가 235개, 감이 304개 있습니다. 사과와 감은 모두 몇 개인가요?

식 $\boxed{235}+\boxed{304}=\boxed{539}$ 　답 ＿＿＿539＿＿＿ 개

▶ (사과의 수)+(감의 수)

7 가장 큰 수와 가장 작은 수의 합을 구해 보세요.

422	523	156	242	313

❶ 가장 큰 수 (　523　)　❷ 가장 작은 수 (　156　)

❸ 두 수의 합 구하기

식 ＿＿523+156=679＿＿　답 ＿＿679＿＿

▶ (가장 큰 수)+(가장 작은 수)

1. 덧셈과 뺄셈

받아올림이 한 번 있는 (세 자리 수)+(세 자리 수)

• 234+737의 계산

일의 자리에서 받아올림한 수

$$234+737=971$$

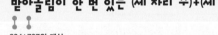

각 자리의 숫자를 맞추어 쓰기 ➔ 일의 자리부터 차례로 더하기
일의 자리 수끼리의 합이 10이거나 10보다 크면 십의 자리로 받아올림하여 계산합니다.

1 수 모형을 보고 계산해 보세요.

$$425+257=\boxed{682}$$

▶ 일 모형이 12개이므로 일 모형 10개를 십 모형 1개로 바꾸면 십 모형 1개, 일 모형 2개입니다.

2 □ 안에 알맞은 수를 써넣으세요.

	3	4	5			3	4	5			3	4	5
+	2	3	9	➔	+	2	3	9	➔	+	2	3	9
			4				8	4			5	8	4

▶ 십의 자리로 받아올림한 수를 더해 줍니다.

3 계산해 보세요.

❶
```
  3 4 9
+ 5 3 2
─────
  8 8 1
```

❷
```
  7 4 6
+ 1 4 0
─────
  8 9 4
```

4 계산 결과를 찾아 이어 보세요.

456+328	●———————●	784
825+129	●———————●	954

5 빈칸에 알맞은 수를 써넣으세요.

138 →(+329)→ 467 →(+216)→ 683

▶ 138+329=467 　▶ 467+216=683

6 다음 덧셈식에서 잘못 계산한 곳을 찾아 바르게 계산해 보세요.

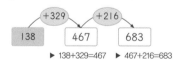

```
  3 4 7          3 4 7
+ 2 4 8    ➔   + 2 4 8
─────          ─────
  5 8 5          5 9 5
```

▶ 일의 자리 계산에서 받아올림한 수를
십의 자리 계산에서 더하지 않았습니다.

7 동규는 줄넘기를 어제 249번을 하고, 오늘은 어제보다 138번을 더 많이 했습니다. 동규는 오늘 줄넘기를 몇 번 했나요?

식 $\boxed{249}+\boxed{138}=\boxed{387}$ 　답 ＿＿＿387＿＿＿ 번

▶ (어제 줄넘기를 한 횟수)+138
'~보다 더 많다, ~보다 더 크다'와 같은 문장제 문제는 덧셈을 합니다.

1. 덧셈과 뺄셈
받아올림이 여러 번 있는 (세 자리 수)+(세 자리 수)

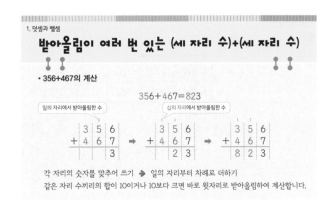

• 356+467의 계산

$$356+467=823$$

일의 자리에서 받아올림한 수   십의 자리에서 받아올림한 수

```
  3 5 6        3 5 6        3 5 6
+ 4 6 7   →  + 4 6 7   →  + 4 6 7
      3          2 3        8 2 3
```

각 자리의 숫자를 맞추어 쓰기 ➡ 일의 자리부터 차례로 더하기
같은 자리 수끼리의 합이 10이거나 10보다 크면 바로 윗자리로 받아올림하여 계산합니다.

1 수 모형을 보고 계산해 보세요.

$$289+278=\boxed{567}$$

2 □ 안에 알맞은 수를 써넣으세요.

```
  1 7 8        1 7 8        1 7 8
+ 7 5 6   →  + 7 5 6   →  + 7 5 6
      4          3 4        9 3 4
```

3 계산해 보세요.

❶
```
    6 4 7
  + 1 6 5
    8 1 2
```

❷
```
    4 5 2
  + 1 8 9
    6 4 1
```

▶ 일의 자리부터 계산합니다. 각 자리 수의 합이 10이거나 10보다 크면 윗자리로 받아올림하여 계산합니다.

4 빈칸에 알맞은 수를 써넣으세요.

▶ 145+478=623   ▶ 623+199=822

5 두 수의 합이 500보다 큰 것을 모두 찾아 기호를 써 보세요.

| ㉠ 195+457 | ㉡ 119+375 | ㉢ 257+265 | ㉣ 245+175 |

▶ ㉠ 652, ㉡ 494, ㉢ 522, ㉣ 420
　두 수의 합이 500보다 큰 것은 ㉠, ㉢입니다.　　　(㉠, ㉢)

6 민지는 집에서 출발하여 학교를 지나 우체국에 가려고 합니다. 민지가 가야 하는 거리는 몇 m 인가요?

식 $\boxed{387}+\boxed{289}=\boxed{676}$ 답 _____ 676 _____ m

▶ (집에서 학교까지의 거리)+(학교에서 우체국까지의 거리)

7 4장의 수 카드 중 3장을 골라 한 번씩만 사용하여 세 자리 수를 만들려고 합니다. 만들 수 있는 가장 큰 수와 가장 작은 수의 합을 구해 보세요.

| 1 | 4 | 6 | 7 |

❶ 가장 큰 수 (764)　　❷ 가장 작은 수 (146)

❸ 두 수의 합 구하기

식 _____ 764+146=910 _____   답 _____ 910 _____

▶ (가장 큰 수)+(가장 작은 수)

1. 덧셈과 뺄셈
받아내림이 없는 (세 자리 수)-(세 자리 수)

• 786-435의 계산

$$786-435=351$$

일의 자리부터 빼야 해요!

```
  7 8 6        7 8 6        7 8 6
- 4 3 5   →  - 4 3 5   →  - 4 3 5
                  5 1        3 5 1
```

각 자리의 숫자를 맞추어 쓰기 ➡ 일의 자리, 십의 자리, 백의 자리끼리 빼기

1 수 모형을 보고 계산해 보세요.

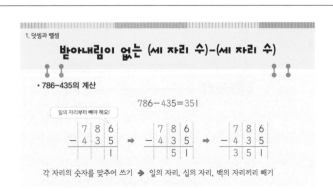

$$357-213=\boxed{144}$$

2 □ 안에 알맞은 수를 써넣으세요.

```
  6 4 5        6 4 5        6 4 5
- 1 2 3   →  - 1 2 3   →  - 1 2 3
      2          2 2        5 2 2
```

3 계산해 보세요.

❶
```
    5 3 9
  - 1 2 5
    4 1 4
```

❷
```
    8 2 5
  - 4 0 3
    4 2 2
```

4 빈칸에 알맞은 수를 써넣으세요.

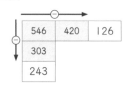

| 546 | 420 | 126 |
| 303 |
| 243 |

5 아빠의 키는 185 cm이고, 아들의 키는 124 cm입니다. 아빠는 아들보다 몇 cm 더 큰가요?

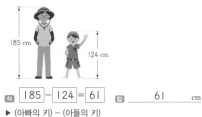

식 $\boxed{185}-\boxed{124}=\boxed{61}$ 답 _____ 61 _____ cm

▶ (아빠의 키) - (아들의 키)

▶ ~보다 얼마만큼 큰지, 많은지 비교하는 문장제 문제는 뺄셈을 합니다.

6 가장 큰 수와 가장 작은 수의 차를 구해 보세요.

| 153 | 675 | 369 | 406 |

❶ 가장 큰 수 (675)　　❷ 가장 작은 수 (153)

❸ 두 수의 차 구하기

식 _____ 675-153=522 _____   답 _____ 522 _____

▶ (가장 큰 수) - (가장 작은 수)

1. 덧셈과 뺄셈

받아내림이 한 번 있는 (세 자리 수)-(세 자리 수)

• 십의 자리에서 받아내림이 있는 뺄셈

> 2에서 5를 뺄 수 없으므로 십의 자리에서 받아내림해요.

$$
\begin{array}{r}
4\ \overset{4}{\cancel{5}}\ \overset{10}{2}\\
-\ 2\ 1\ 5\\
\hline
7
\end{array}
\Rightarrow
\begin{array}{r}
4\ \overset{4}{\cancel{5}}\ \overset{10}{2}\\
-\ 2\ 1\ 5\\
\hline
3\ 7
\end{array}
\Rightarrow
\begin{array}{r}
4\ \overset{4}{\cancel{5}}\ \overset{10}{2}\\
-\ 2\ 1\ 5\\
\hline
2\ 3\ 7
\end{array}
$$

• 백의 자리에서 받아내림이 있는 뺄셈

> 2에서 7을 뺄 수 없으므로 백의 자리에서 받아내림해요.

$$
\begin{array}{r}
3\ 2\ 5\\
-\ 1\ 7\ 5\\
\hline
0
\end{array}
\Rightarrow
\begin{array}{r}
\overset{2}{\cancel{3}}\ \overset{10}{2}\ 5\\
-\ 1\ 7\ 5\\
\hline
5\ 0
\end{array}
\Rightarrow
\begin{array}{r}
\overset{2}{\cancel{3}}\ \overset{10}{2}\ 5\\
-\ 1\ 7\ 5\\
\hline
1\ 5\ 0
\end{array}
$$

각 자리의 숫자를 맞추어 쓰기 ➔ 일의 자리부터 차례로 빼기
같은 자리 수끼리 뺄 수 없으면 바로 윗자리에서 받아내림하여 계산합니다.

1 □ 안에 알맞은 수를 써넣으세요.

❶ 십의 자리에서 받아내림이 있는 뺄셈

$$
\begin{array}{r}
7\ \overset{\boxed{1}}{2}\ \overset{\boxed{10}}{8}\\
-\ 4\ 1\ 9\\
\hline
9
\end{array}
\Rightarrow
\begin{array}{r}
7\ \overset{\boxed{1}}{2}\ \overset{\boxed{10}}{8}\\
-\ 4\ 1\ 9\\
\hline
\boxed{0}\ 9
\end{array}
\Rightarrow
\begin{array}{r}
7\ \overset{\boxed{1}}{2}\ \overset{\boxed{10}}{8}\\
-\ 4\ 1\ 9\\
\hline
3\ \boxed{0}\ 9
\end{array}
$$

❷ 백의 자리에서 받아내림이 있는 뺄셈

$$
\begin{array}{r}
4\ 5\ 7\\
-\ 1\ 7\ 4\\
\hline
3
\end{array}
\Rightarrow
\begin{array}{r}
\overset{\boxed{3}}{\cancel{4}}\ \overset{\boxed{10}}{5}\ 7\\
-\ 1\ 7\ 4\\
\hline
8\ 3
\end{array}
\Rightarrow
\begin{array}{r}
\overset{\boxed{3}}{\cancel{4}}\ \overset{\boxed{10}}{5}\ 7\\
-\ 1\ 7\ 4\\
\hline
2\ 8\ 3
\end{array}
$$

2 십의 자리에서 받아내림이 있는 세 자리 수의 뺄셈을 계산해 보세요.

❶
$$
\begin{array}{r}
9\ \overset{6}{\cancel{7}}\ \overset{10}{3}\\
-\ 5\ 5\ 5\\
\hline
4\ 1\ 8
\end{array}
$$

❷
$$
\begin{array}{r}
3\ \overset{3}{\cancel{4}}\ \overset{10}{4}\\
-\ 1\ 2\ 7\\
\hline
2\ 1\ 7
\end{array}
$$

3 백의 자리에서 받아내림이 있는 세 자리 수의 뺄셈을 계산해 보세요.

❶
$$
\begin{array}{r}
\overset{8}{\cancel{9}}\ \overset{10}{4}\ 7\\
-\ 3\ 5\ 4\\
\hline
5\ 9\ 3
\end{array}
$$

❷
$$
\begin{array}{r}
\overset{6}{\cancel{7}}\ \overset{10}{1}\ 5\\
-\ 2\ 9\ 5\\
\hline
4\ 2\ 0
\end{array}
$$

4 같은 모양에 적힌 두 수의 차를 구해 보세요.

157   892   518   729

❶ ⬤ 모양의 두 수의 차: $\boxed{518}-\boxed{157}=\boxed{361}$

❷ ▲ 모양의 두 수의 차: $\boxed{892}-\boxed{729}=\boxed{163}$

▶ 같은 모양의 두 수를 찾고, 두 수 중에서 큰 수에서 작은 수를 뺍니다.
 $\boxed{큰\ 수}-\boxed{작은\ 수}$로 식을 써야 합니다.

5 □ 안에 알맞은 수를 써넣으세요.

❶
$$
\begin{array}{r}
4\ \overset{5}{\cancel{6}}\ \overset{10}{7}\\
-\ 1\ 1\ 8\\
\hline
3\ 4\ 9
\end{array}
$$
▶ 6-1-□=4, □=1

❷
$$
\begin{array}{r}
\overset{2}{\cancel{3}}\ \overset{10}{1}\ 8\\
-\ 1\ 2\ 3\\
\hline
1\ 9\ 5
\end{array}
$$
▶ 10+□-2=9, □=1

1. 덧셈과 뺄셈

받아내림이 두 번 있는 (세 자리 수)-(세 자리 수)

• 737-359의 계산

$$737-359=378$$

$$
\begin{array}{r}
7\ \overset{2}{\cancel{3}}\ \overset{10}{7}\\
-\ 3\ 5\ 9\\
\hline
8
\end{array}
\Rightarrow
\begin{array}{r}
\overset{6}{\cancel{7}}\ \overset{12}{\cancel{3}}\ \overset{10}{7}\\
-\ 3\ 5\ 9\\
\hline
7\ 8
\end{array}
\Rightarrow
\begin{array}{r}
\overset{6}{\cancel{7}}\ \overset{12}{\cancel{3}}\ \overset{10}{7}\\
-\ 3\ 5\ 9\\
\hline
3\ 7\ 8
\end{array}
$$

각 자리의 숫자를 맞추어 쓰기 ➔ 일의 자리부터 차례로 빼기
십의 자리에서 일의 자리, 백의 자리에서 십의 자리 차례로 받아내림하여 계산합니다.

1 □ 안에 알맞은 수를 써넣으세요.

$$
\begin{array}{r}
5\ \overset{\boxed{1}}{2}\ \overset{\boxed{10}}{7}\\
-\ 2\ 6\ 8\\
\hline
9
\end{array}
\Rightarrow
\begin{array}{r}
\overset{\boxed{4}}{5}\ \overset{\boxed{11}}{2}\ \overset{\boxed{10}}{7}\\
-\ 2\ 6\ 8\\
\hline
5\ 9
\end{array}
\Rightarrow
\begin{array}{r}
\overset{\boxed{4}}{5}\ \overset{\boxed{11}}{2}\ \overset{\boxed{10}}{7}\\
-\ 2\ 6\ 8\\
\hline
2\ 5\ 9
\end{array}
$$

2 계산해 보세요.

❶
$$
\begin{array}{r}
\overset{6}{\cancel{7}}\ \overset{11}{\cancel{2}}\ \overset{10}{3}\\
-\ 5\ 4\ 5\\
\hline
1\ 7\ 8
\end{array}
$$

❷
$$
\begin{array}{r}
\overset{2}{\cancel{3}}\ \overset{11}{\cancel{2}}\ \overset{10}{3}\\
-\ 1\ 6\ 7\\
\hline
1\ 5\ 6
\end{array}
$$

3 □ 안에 알맞은 수를 써넣으세요.

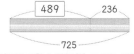
489   236
725

▶ 725에서 236을 빼면 □를 구할 수 있습니다. □=725-236=489

4 다음 뺄셈식에서 잘못 계산한 곳을 찾아 바르게 계산해 보세요.

$$
\begin{array}{r}
7\ 2\ 4\\
-\ 5\ 6\ 8\\
\hline
2\ 5\ 6
\end{array}
\Rightarrow
\begin{array}{r}
\overset{6}{\cancel{7}}\ \overset{11}{\cancel{2}}\ \overset{10}{4}\\
-\ 5\ 6\ 8\\
\hline
1\ 5\ 6
\end{array}
$$

▶ 백의 자리에서 십의 자리로 받아내림했으므로 백의 자리 계산에서 1을 더 빼야
합니다.

5 천마산의 높이는 810 m, 인왕산의 높이는 338 m입니다. 천마산은 인왕산보다 몇 m 더 높나
요?

천마산   인왕산
810 m   338 m

식 $810-338=472$ 답 ___472___ m

6 3장의 수 카드를 한 번씩만 사용하여 세 자리 수를 만들려고 합니다. 만들 수 있는 가장 큰 수와
가장 작은 수의 차를 구해 보세요.

6   5   2

❶ 가장 큰 수 (652)   ❷ 가장 작은 수 (256)

❸ 두 수의 차 구하기

식 ___652-256=396___   답 ___396___

▶ (가장 큰 수) - (가장 작은 수)

1. 덧셈과 뺄셈 연습 문제

[1~18] 계산해 보세요.

1.
```
  1 5 2
+ 5 4 6
-------
  6 9 8
```

2.
```
  2 4 8
+ 7 0 1
-------
  9 4 9
```

3.
```
    ¹
  3 5 7
+ 4 2 4
-------
  7 8 1
```

10.
```
  7 9 8
- 1 6 7
-------
  6 3 1
```

11.
```
  8 6 9
- 1 2 8
-------
  7 4 1
```

12.
```
    6 10
  4 7̷ 3
- 3 4 5
-------
  1 2 8
```

4.
```
    ¹
  2 2 3
+ 5 4 7
-------
  7 7 0
```

5.
```
  ¹
  5 3 2
+ 3 9 5
-------
  9 2 7
```

6.
```
  ¹
  4 5 0
+ 1 9 9
-------
  6 4 9
```

13.
```
    7 10
  7 8̷ 3
- 1 4 6
-------
  6 3 7
```

14.
```
    7 10
  8̷ 5 6
- 5 7 5
-------
  2 8 1
```

15.
```
    3 10
  4̷ 2 8
- 2 6 5
-------
  1 6 3
```

7.
```
  ¹ ¹
  2 5 9
+ 3 6 5
-------
  6 2 4
```

8.
```
  ¹ ¹
  4 8 8
+ 2 4 5
-------
  7 3 3
```

9.
```
  ¹ ¹
  3 3 7
+ 4 6 5
-------
  8 0 2
```

16.
```
  5 16 10
  6̷ 7̷ 4
- 4 9 7
-------
  1 7 7
```

17.
```
  4 10 10
  5̷ 1̷ 3
- 3 4 9
-------
  1 6 4
```

18.
```
  5 13 10
  6̷ 4̷ 2
- 2 5 8
-------
  3 8 4
```

1. 덧셈과 뺄셈 단원 평가

1 수 모형이 나타내는 수보다 154만큼 더 큰 수를 구해 보세요.

(480)

▶ 백 모형 3개, 십 모형 2개, 일 모형 6개이므로 326입니다.
326보다 154만큼 더 큰 수는 326+154입니다.
326+154=480

2 빈칸에 알맞은 수를 써넣으세요.

451 → (+309) → 760 → (−136) → 624

▶ 451+309=760 ▶ 760−136=624

3 계산 결과가 같은 것끼리 이어 보세요.

744= 216+528 ✕ 836−286 =550
550= 153+397 ✕ 908−164 =744

4 계산 결과를 비교하여 ○ 안에 >, =, <를 알맞게 써넣으세요.

❶ 194+719 ＞ 475+320
=913 =795

❷ 548−288 ＜ 562−177
=260 =385

5 다음 중 두 수를 골라 덧셈식을 만들려고 합니다. □ 안에 알맞은 수를 써넣으세요.

| 159 | 415 | 438 |

159 + 415 =574

▶ 159+415=574, 159+438=597, 415+438=853이므로 □ 안에는 159, 415가 들어갈 수 있습니다.

[6~7] 무빈이네 학교의 남학생은 326명이고, 여학생은 298명입니다. 물음에 답하세요.

6 무빈이네 학교의 학생은 모두 몇 명인가요?
식 326+298=624 답 624 명
▶ 전체 학생 수를 구할 때에는 덧셈을 합니다.

7 무빈이네 학교의 남학생은 여학생보다 몇 명 더 많나요?
식 326−298=28 답 28 명
▶ 몇 명 더 많은지 비교할 때에는 뺄셈을 합니다. 이때 큰 수에서 작은 수를 뺍니다.

8 □ 안에 알맞은 수를 써넣으세요.

❶
```
    ¹
  7 [5]
+ 1 2 8
-------
  8 9 3
```

❷
```
    7 10
  4 8̷ 5
- 1 6 8
-------
  3 1 7
```

▶ 일의 자리: □+8=13, □=5
십의 자리: 1+6+□=9, □=2

▶ 일의 자리: 10+□−8=7, □=5
십의 자리: 8−1−□=1, □=6

9 어떤 수에 300을 더해야 할 것을 잘못하여 뺐더니 108이 되었습니다. 어떤 수는 얼마인지 구해 보세요.
▶ 어떤 수를 □라고 합니다. (408)
□−300=108, □=108+300=408

10 수 카드 7, 4, 2를 한 번씩만 사용하여 세 자리 수를 만들려고 합니다. 만들 수 있는 가장 큰 수와 가장 작은 수의 합과 차를 구해 보세요.

❶ 두 수의 합: 식 742+247=989 답 989
❷ 두 수의 차: 식 742−247=495 답 495

▶ 가장 큰 수는 742, 가장 작은 수는 247입니다.
두 수의 차를 계산할 때에는 큰 수에서 작은 수를 뺍니다.

1. 덧셈과 뺄셈 — 실력 키우기

1 은수는 100원짜리 동전 5개, 10원짜리 동전 8개, 1원짜리 동전 4개를 갖고 있습니다. 은수의 동생은 은수보다 150원 더 많이 갖고 있습니다. 은수의 동생이 가진 돈은 얼마인가요?

식 584+150=734 **답** 734 원

▶ 은수가 가진 돈은 584원입니다. 동생은 은수보다 150원 더 많이 갖고 있으므로 더하기를 하여 답을 구합니다. (은수가 가진 돈)+150원=(동생이 가진 돈)

2 기차에 309명이 타고 있었습니다. 다음 역에서 내리는 사람은 없이 182명이 더 탔습니다. 기차 안에 타고 있는 사람은 모두 몇 명인가요?

식 309+182=491 **답** 491 명

▶ (기차에 타고 있던 승객 수)+(다음 역에서 탄 승객 수)=(기차 안에 타고 있는 승객 수)

3 종이 리본이 253 cm 있었는데 선물을 포장하느라 163 cm를 사용했습니다. 남은 종이 리본은 몇 cm인가요?

식 253-163=90 **답** 90 cm

▶ (처음에 갖고 있던 종이 리본의 길이)-(사용한 길이)=(남은 종이 리본의 길이)

4 농장에 당근이 870개, 고추가 647개 있습니다. 당근은 고추보다 몇 개 더 많나요?

식 870-647=223 **답** 223 개

▶ 어떤 것이 몇 개 더 많은지 비교할 때 (더 많은 것)에서 (더 적은 것)을 빼서 답을 구합니다.
(당근의 수)-(고추의 수)=(당근과 고추의 수의 차)

5 어떤 수에 120을 더해야 할 것을 잘못하여 뺐더니 459가 되었습니다. 어떤 수는 얼마인지 풀이 과정을 쓰고 답을 구해 보세요.

풀이 어떤 수를 □라고 합니다. □-120=459, □=459+120=579

답 579

2. 평면도형

* 선분, 반직선, 직선 알아보기
* 각 알아보기
* 직각 알아보기
* 직각삼각형 알아보기
* 직사각형 알아보기
* 정사각형 알아보기

2. 평면도형 — 선분, 반직선, 직선 알아보기

선분	반직선	직선
두 점을 곧게 이은 선	한 점에서 시작하여 한쪽으로 끝없이 늘인 곧은 선	선분을 양쪽으로 끝없이 늘인 곧은 선
선분 ㄱㄴ 또는 선분 ㄴㄱ	반직선 ㄱㄴ 반직선 ㄴㄱ	직선 ㄱㄴ 또는 직선 ㄴㄱ

[1~3] 그림을 보고 □ 안에 알맞은 말이나 기호를 써넣으세요.

1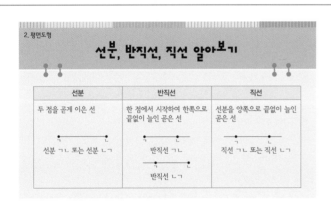

두 점을 곧게 이은 선을 **선분** 이라고 합니다.

점 ㄱ과 점 ㄴ을 이은 선분을 선분 **ㄱㄴ** 또는 선분 **ㄴㄱ** 이라고 합니다.

2

한 점에서 시작하여 한쪽으로 끝없이 늘인 곧은 선을 **반직선** 이라고 합니다.

점 ㄱ에서 시작하여 점 ㄴ을 지나는 반직선을 반직선 **ㄱㄴ** 이라고 합니다.

3

선분을 양쪽으로 끝없이 늘인 곧은 선을 **직선** 이라고 합니다.

점 ㄱ과 점 ㄴ을 지나는 직선을 직선 **ㄱㄴ** 또는 직선 **ㄴㄱ** 이라고 합니다.

4 선을 모양에 따라 분류하여 기호를 써 보세요.

곧은 선	굽은 선
㉠, ㉢, ㉲	㉡, ㉣, ㉯

5 직선을 찾아 ○표 하세요.

▶ 선분을 양쪽으로 끝없이 늘인 곧은 선을 직선이라고 합니다.

6 □ 안에 선분, 반직선, 직선 중에서 알맞은 말을 써넣으세요.

❶ **선분** ㄱㄴ   ❷ **직선** ㄷㄹ   ❸ **반직선** ㅁㅂ

7 자를 이용하여 직선, 반직선, 선분을 그어 보세요.

직선 ㄱㄴ	반직선 ㄹㄷ	선분 ㅁㅂ

▶ 점 ㄹ에서 시작하여 점 ㄷ을 지나갑니다.

2. 평면도형
각 알아보기

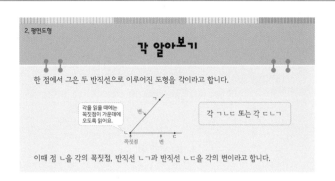

한 점에서 그은 두 반직선으로 이루어진 도형을 각이라고 합니다.

각을 읽을 때에는 꼭짓점이 가운데에 오도록 읽어요.

각 ㄱㄴㄷ 또는 각 ㄷㄴㄱ

이때 점 ㄴ을 각의 꼭짓점, 반직선 ㄴㄱ과 반직선 ㄴㄷ을 각의 변이라고 합니다.

1 각을 모두 찾아 ○표 하세요.

▶ 각은 한 점에서 그은 두 반직선으로 이루어진 도형입니다.

2 □ 안에 알맞은 말을 써넣으세요.

한 점에서 그은 두 반직선으로 이루어진 도형을 **각** 이라고 합니다.

3 각의 꼭짓점과 변을 찾아 써 보세요.

꼭짓점 (ㅁ)

변 (ㅁㄹ), 변 (ㅁㅂ)

▶ 변의 이름은 각의 꼭짓점인 ㅁ부터 시작하여 읽습니다.

4 각의 이름을 써 보세요.

각 ㄱㄷㄴ 또는 각 ㄴㄷㄱ

▶ 각의 꼭짓점이 가운데 오도록 읽습니다.

5 자를 이용하여 반직선을 그어 각을 완성해 보세요.

❶ 각 ㄱㄴㄷ
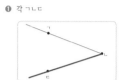

❷ 각 ㄹㅁㅂ

6 도형에서 찾을 수 있는 각이 몇 개인지 써 보세요.

❶

❷

❸

(6)개   (3)개   (4)개

7 그림을 보고 바르게 이야기한 친구에 ○표 하세요.

 삐뚤 그려도 각이라고 우겨, 굽은 선도 각이 될 수 있어.

유진

 각은 곧은 선으로 그려야 해, 굽은 선으로는 각이 아니야.

민재

( ) (○)

▶ 한 점에서 그은 두 반직선으로 이루어진 도형을 각이라고 합니다. 반직선은 곧은 선이므로 각도 곧은 선으로 그려야 합니다.

2. 평면도형
직각 알아보기

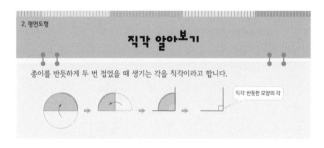

종이를 반듯하게 두 번 접었을 때 생기는 각을 직각이라고 합니다.

직각: 반듯한 모양의 각

1 직각을 모두 찾아 ⌐로 표시해 보세요.

2 직각을 찾아 ⌐로 표시하고, 각을 써 보세요.

각 ㄱㄴㄷ 또는 각 ㄷㄴㄱ

3 점 종이에 그어진 선분을 이용하여 직각을 그리고 ⌐로 표시해 보세요.

예
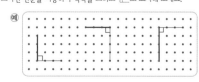

4 직각이 가장 많은 도형을 찾아 ○표 하세요.

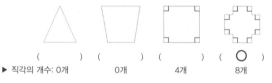

( )   ( )   ( )   (○)

▶ 직각의 개수: 0개   0개   4개   8개

5 직각을 찾아 써 보세요.

각 ㄱㄹㄷ 또는 각 ㄷㄹㄱ

▶ 빨간 선으로 그려진 부분이 직각입니다.

6 직각에 대해 이야기하고 있습니다. 바르게 이야기한 친구를 모두 찾아 ○표 하세요.

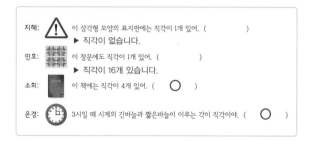

지혜: 이 삼각형 모양의 표지판에는 직각이 1개 있어. ( )
▶ 직각이 없습니다.

민호: 이 창문에도 직각이 1개 있어. ( )
▶ 직각이 16개 있습니다.

소희: 이 책에는 직각이 4개 있어. (○)

은경: 3시일 때 시계의 긴바늘과 짧은바늘이 이루는 각이 직각이야. (○)

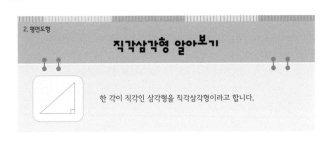

2. 평면도형

직각삼각형 알아보기

한 각이 직각인 삼각형을 직각삼각형이라고 합니다.

1 □ 안에 알맞은 말을 써넣으세요.

한 각이 직각인 삼각형을 **직각삼각형** 이라고 합니다.

2 직각삼각형을 모두 찾아 ○표 하세요.

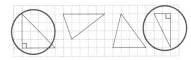

3 직각삼각형을 찾아 기호를 써 보세요.

(**㉠**)

4 점 종이에 모양과 크기가 다른 직각삼각형을 2개 그리고 직각을 찾아 └┘로 표시해 보세요.

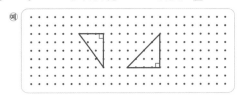

5 다음 도형이 직각삼각형이 아닌 이유를 써 보세요.

이 삼각형은 직각삼각형이 아닙니다.

이유 **예 직각삼각형은 한 각이 직각이어야 하는데**
주어진 삼각형은 직각이 없기 때문입니다.

6 친구들의 대화를 읽고, □ 안에 알맞은 말이나 수를 써넣으세요.

민정: 이 삼각형의 이름은 **직각삼각형** 이에요.

준호: 이 삼각형은 각이 모두 **3** 개예요.

유진: 이 삼각형에는 직각이 **1** 개 있어요.

▶ 삼각형은 각이 3개입니다.

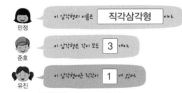

---

2. 평면도형

직사각형 알아보기

네 각이 모두 직각인 사각형을 직사각형이라고 합니다.

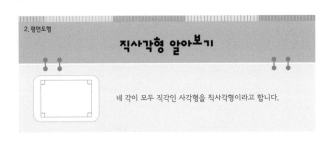

1 □ 안에 알맞은 말을 써넣으세요.

네 각이 모두 직각인 사각형을 **직사각형** 이라고 합니다.

2 직사각형을 모두 찾아 ○표 하세요.

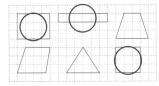

3 주어진 선분을 두 변으로 하는 직사각형을 그리려고 합니다. 나머지 한 꼭짓점을 어느 점으로 하여 그려야 하는지 기호를 써 보세요.

(**㉢**)

▶ 네 각이 모두 직각이 되기 위해서 점 ㉢이 꼭짓점이 되어야 합니다.

4 점 종이에 모양과 크기가 다른 직사각형을 2개 그려 보세요.

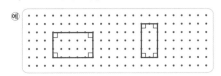

5 직사각형에 대하여 바르게 설명한 것을 모두 찾아 기호를 써 보세요.

㉠ 직사각형은 변이 4개입니다.
㉡ 직사각형은 각이 3개입니다. ▶ 각이 4개입니다.
㉢ 직사각형은 꼭짓점이 5개입니다. ▶ 꼭짓점이 4개입니다.
㉣ 직사각형은 네 각이 모두 직각입니다.

(**㉠, ㉣**)

6 두 직사각형의 같은 점과 다른 점을 써 보세요.

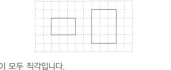

같은점 예 네 각이 모두 직각입니다.

다른점 예 직사각형의 크기가 다릅니다.

7 다음 도형은 직사각형입니다. □ 안에 알맞은 수를 써넣으세요.

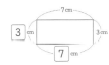

▶ 직사각형은 마주 보는 두 변의 길이가 같습니다.

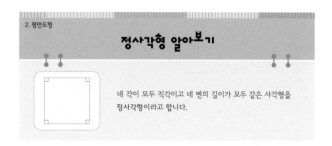

2. 평면도형

정사각형 알아보기

네 각이 모두 직각이고 네 변의 길이가 모두 같은 사각형을
정사각형이라고 합니다.

1 □ 안에 알맞은 말을 써넣으세요.

네 각이 모두 직각이고 네 변의 길이가 모두 같은 사각형을 **정사각형** 이라고 합니다.

2 정사각형을 모두 찾아 ○표 하세요.

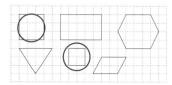

3 점 종이에 그어진 선분을 이용하여 정사각형을 2개 그려 보세요.

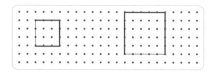

4 정사각형에 대하여 바르게 설명한 것에는 ○표, 틀리게 설명한 것에는 ✕표 하세요.

- 정사각형은 변이 4개입니다. (○)
- 정사각형은 한 각만 직각입니다. (✕) ▶ 네 각이 모두 직각입니다.
- 정사각형은 네 변의 길이가 모두 같습니다. (○)
- 정사각형은 직사각형과 모양이 항상 똑같습니다. (✕)

5 다음 도형은 정사각형입니다. □ 안에 알맞은 수를 써넣으세요.

5 cm

5 cm

▶ 정사각형은 네 변의 길이가 모두 같습니다.

6 다음 도형을 보고 바르게 이야기한 친구에 ○표 하세요.

⊙은 네 변의 길이가 모두 같고 네 각이 모두 직각인 정사각형이야.

ⓒ은 네 각이 모두 직각이라서 정사각형이야.

은비   지우

(○) ( )

▶ 정사각형은 네 변의 길이가 모두 같습니다. 네 각이 모두 직각이더라도
네 변의 길이가 같지 않으면 정사각형이라고 할 수 없습니다.

7 다음 도형의 이름이 될 수 있는 것을 모두 찾아 ○표 하세요.

직각삼각형   직사각형   정사각형

▶ 네 각이 모두 직각이므로 직사각형이고, 네 변의 길이가
모두 같으므로 정사각형도 될 수 있습니다.

2. 평면도형

연습 문제

1 자를 이용하여 선분, 직선, 반직선을 그어 보세요.

❶ 선분 ㄱㄴ   ❷ 직선 ㄴㄱ

❸ 반직선 ㄱㄴ   ❹ 반직선 ㄴㄱ

2 보기에서 알맞은 말을 골라 □ 안에 써넣으세요.

보기 변   꼭짓점

변

꼭짓점   변

3 자를 이용하여 각을 그려 보세요.

❶ 각 ㄱㄴㄷ

❷ 각 ㄴㄱㄷ

4 모눈종이에 직각을 2개 그려 보세요.

예

5 모눈종이에 모양과 크기가 다른 직각삼각형을 2개 그려 보세요.

예

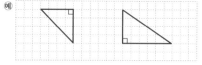

6 모눈종이에 모양과 크기가 다른 직사각형을 2개 그려 보세요.

예

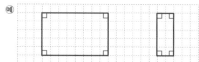

7 모눈종이에 크기가 다른 정사각형을 2개 그려 보세요.

예

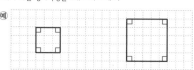

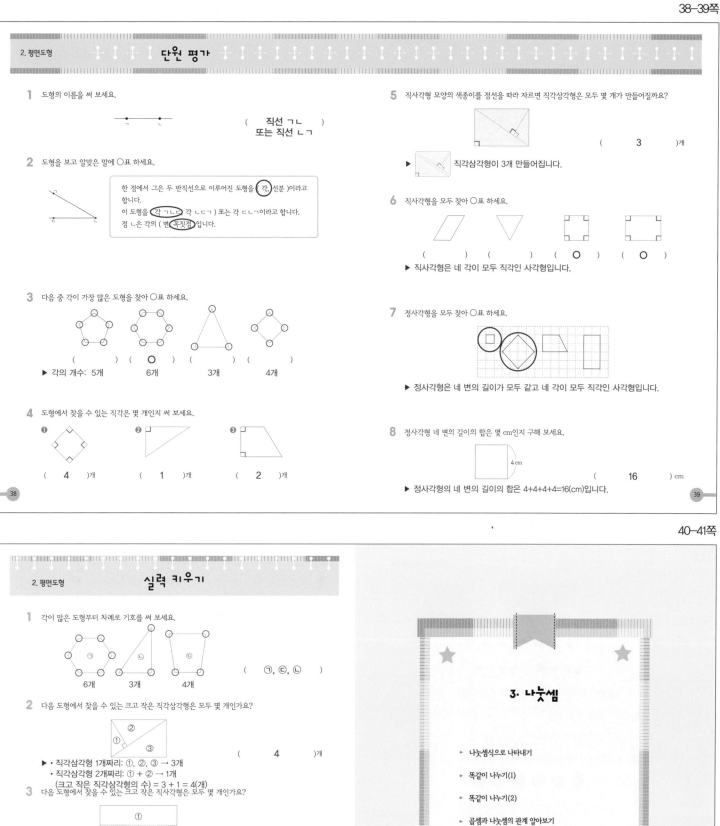

3. 나눗셈

나눗셈식으로 나타내기

나눗셈식 8 ÷ 4 = 2
나누어지는 수 나누는 수 몫

읽기 8 나누기 4는 2와 같습니다.

1 나눗셈식을 읽으려고 합니다. □ 안에 알맞은 말이나 수를 써넣으세요.

❶ 36÷9=4 36 **나누기** 9는 4와 **같습니다** .

❷ 56÷8=7 **56** 나누기 **8** 은 **7** 과 같습니다.

2 나눗셈식을 바르게 읽은 사람의 이름을 써 보세요.

42÷7=6   세희: 42 나누기 7은 6과 같습니다.
하율: 42 나누기 6은 7과 같습니다.

(**세희**)

3 다음을 나눗셈식으로 나타내어 보세요.

27 나누기 3은 9와 같습니다. ➡ **27** ÷ **3** = **9**

4 몫이 6인 나눗셈식에 ○표 하세요.

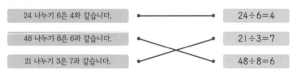

6÷3=2   (30÷5=6)   18÷6=3
▶ 몫이 2입니다.   ▶ 몫이 3입니다.

5 관계있는 것끼리 이어 보세요.

24 나누기 6은 4와 같습니다. ———— 24÷6=4
48 나누기 8은 6과 같습니다. ⤬ 21÷3=7
21 나누기 3은 7과 같습니다. 48÷8=6

6 □ 안에 알맞은 수를 써넣으세요.

❶ 사탕 12개를 2묶음으로 똑같이 나누면 6개씩 담을 수 있습니다.

12÷2= **6** ➡ **6** 개

❷ 과자 9개를 한 명에게 3개씩 주면 3명에게 나누어 줄 수 있습니다.

9÷3= **3** ➡ **3** 명

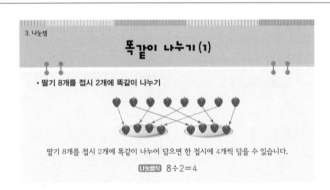

3. 나눗셈

똑같이 나누기 (1)

• 딸기 8개를 접시 2개에 똑같이 나누기

딸기 8개를 접시 2개에 똑같이 나누어 담으면 한 접시에 4개씩 담을 수 있습니다.

나눗셈식 8÷2=4

1 포도 6송이를 접시 2개에 똑같이 나누어 담으려고 합니다. 접시 한 개에 포도를 몇 송이씩 담을 수 있는지 접시에 ○를 그려 알아보고 나눗셈식으로 나타내어 보세요.

포도 6송이를 접시 2개에 3송이씩 담을 수 있습니다.

➡ 6÷ **2** = **3**

2 사과 10개를 접시 2개에 똑같이 나누어 담으려고 합니다. 접시 한 개에 사과를 몇 개씩 담을 수 있는지 접시에 ○를 그려 알아보고 나눗셈식으로 나타내어 보세요.

10÷ **2** = **5**

3 초콜릿 24개를 상자 4개에 똑같이 나누어 담았습니다. 상자 한 개에 초콜릿을 몇 개씩 담았는지 나눗셈식으로 나타내어 보세요.

24÷ **4** = **6**

4 연필 30자루를 6명이 똑같이 나누어 가지려고 합니다. 한 명이 연필을 몇 자루씩 가질 수 있는지 나눗셈식으로 나타내어 보세요.

30÷ **6** = **5**

[5~6] 사탕 18개를 똑같이 나누어 가지려고 합니다. 그림을 보고 물음에 답하세요.

5 3명이 똑같이 나누어 가지면 한 명이 몇 개를 가질 수 있을까요?

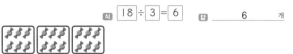

식 **18** ÷ **3** = **6**   답 **6** 개

6 9명이 똑같이 나누어 가지면 한 명이 몇 개를 가질 수 있을까요?

식 **18** ÷ **9** = **2**   답 **2** 개

3. 나눗셈

똑같이 나누기 (2)

• 딸기 15개를 5개씩 묶기

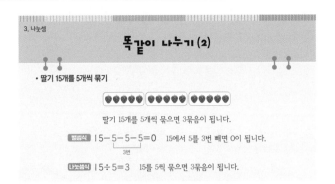

딸기 15개를 5개씩 묶으면 3묶음이 됩니다.

뺄셈식 15−5−5−5=0   15에서 5를 3번 빼면 0이 됩니다.
3번

나눗셈식 15÷5=3   15를 5씩 묶으면 3묶음이 됩니다.

[1~3] 빵 12개를 3개씩 덜어 내려고 합니다. 물음에 답하세요.

1 위 그림에 있는 빵 12개를 3개씩 묶어 보세요.

2 빵을 3개씩 몇 번 덜어 내면 0이 되는지 뺄셈식으로 나타내어 보세요.

12−3− 3 − 3 − 3 =0

▶ 4번 덜어 내면 0이 됩니다.

3 나눗셈식으로 나타내어 보세요.

12÷3= 4

4 그림을 보고 □ 안에 알맞은 수를 써넣으세요.

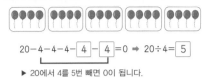

20−4−4−4− 4 − 4 =0 ➡ 20÷4= 5

▶ 20에서 4를 5번 빼면 0이 됩니다.

5 뺄셈식을 보고 나눗셈식으로 나타내어 보세요.

❶ 35−5−5−5−5−5−5−5=0 ➡ 35÷ 5 = 7

❷ 24−8−8−8=0 ➡ 24÷ 8 = 3

6 과자 28개를 한 명에게 4개씩 나누어 주려고 합니다. 몇 명에게 나누어 줄 수 있을까요?

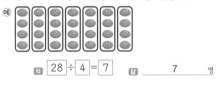

식 28 ÷ 4 = 7   답 ___7___ 명

3. 나눗셈

곱셈과 나눗셈의 관계 알아보기

• 곱셈식 6×5=30을 나눗셈식으로 나타내기

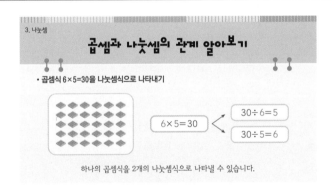

6×5=30   30÷6=5
          30÷5=6

하나의 곱셈식을 2개의 나눗셈식으로 나타낼 수 있습니다.

[1~3] 도넛이 놓여 있습니다. 물음에 답하세요.

1 도넛은 모두 몇 개인지 곱셈식으로 나타내어 보세요.

5× 2 = 10

▶ 5개씩 2줄이므로 5×2=10입니다.

2 도넛 10개를 상자 2개에 똑같이 나누어 담으면 한 상자에 몇 개씩 담게 되는지 나눗셈식으로 나타내어 보세요.

10÷ 2 = 5

3 도넛 10개를 한 상자에 5개씩 나누어 담으면 상자가 몇 개 필요한지 나눗셈식으로 나타내어 보세요.

10÷ 5 = 2

4 그림을 보고 곱셈식과 나눗셈식으로 나타내어 보세요.

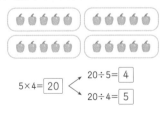

3× 7 =21, 21÷3= 7

▶ 3개씩 7접시이므로 3×7=21입니다.
나눗셈식으로 나타내면 21÷3=7입니다.

5 그림을 보고 곱셈식과 나눗셈식 2개로 나타내어 보세요.

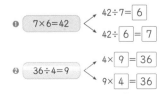

5×4= 20   20÷5= 4
           20÷4= 5

6 곱셈식을 나눗셈식으로, 나눗셈식을 곱셈식으로 나타내어 보세요.

❶ 7×6=42   42÷7= 6
            42÷ 6 = 7

❷ 36÷4=9   4× 9 = 36
            9× 4 = 36

3. 나눗셈
나눗셈의 몫을 곱셈식으로 구하기

• 18÷6의 몫을 곱셈식으로 구하기

$6 × 3 = 18$

$18 ÷ 6 = \boxed{3}$ ➡ 18÷6의 몫은 3

곱셈식을 이용하여 나눗셈의 몫을 구할 수 있습니다.

1 그림을 보고 □ 안에 알맞은 수를 써넣으세요.

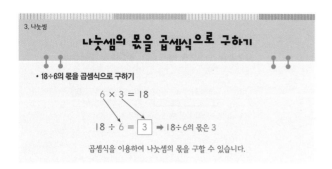

$3×4=12$ ➡ $12÷3=\boxed{4}$

2 수박 21개를 한 명에게 3개씩 주려고 합니다. 몇 명에게 줄 수 있는지 구해 보세요.

• 수박의 수를 곱셈식으로 나타내면 $3×\boxed{7}=21$ 입니다.

• 수박을 한 명에게 3개씩 주면 $\boxed{7}$ 명에게 나누어 줄 수 있습니다.

➡ $21÷3=\boxed{7}$

3 □ 안에 알맞은 수를 써넣으세요.

❶ $6×\boxed{5}=30$ ➡ $30÷6=\boxed{5}$　　❷ $\boxed{7}×8=56$ ➡ $56÷8=\boxed{7}$

4 곱셈식을 이용하여 몫을 구하려고 합니다. 관계있는 것끼리 이어 보세요.

나눗셈식	곱셈식	몫
35÷7=□	7×5=35	8
32÷4=□	4×8=32	5

5 8×3=24를 이용하여 몫을 구할 수 있는 나눗셈식을 모두 찾아 기호를 써 보세요.

㉠ 24÷8=3　　㉡ 24÷6=4

㉢ 24÷4=6　　㉣ 24÷3=8

(㉠, ㉣)

6 사탕 63개를 9명이 똑같이 나누어 가지려고 합니다. 한 명이 몇 개씩 가질 수 있을까요?

나눗셈식 $63÷\boxed{9}=\boxed{7}$

곱셈식 $9×\boxed{7}=63$　　답 ____7____ 개

3. 나눗셈
나눗셈의 몫을 곱셈구구로 구하기

• 곱셈표를 이용하여 18÷6의 몫 구하기

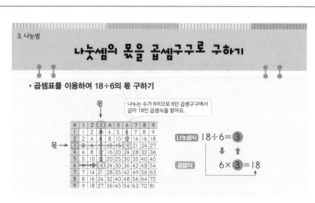

나누는 수가 6이므로 6단 곱셈구구에서 곱이 18인 곱셈식을 찾아요.

나눗셈식 $18÷6=③$

곱셈식 $6×③=18$

[1~3] 곱셈표를 이용하여 나눗셈의 몫을 구하려고 합니다. 물음에 답하세요.

×	1	2	3	4	5	6	7	8	9
1	1	2	3	4	5	6	7	8	9
2	2	4	6	8	10	12	14	16	18
3	3	6	9	12	15	18	21	24	27
4	4	8	12	16	20	24	28	32	36
5	5	10	15	20	25	30	35	40	45
6	6	12	18	24	30	36	42	48	54
7	7	14	21	28	35	42	49	56	63
8	8	16	24	32	40	48	56	64	72
9	9	18	27	36	45	54	63	72	81

1 곱셈표의 빈칸에 알맞은 수를 써넣으세요.

2 42÷7의 몫을 구하려고 합니다. 위의 곱셈표를 보고 □ 안에 알맞은 수를 써넣으세요.

$7×\boxed{6}=\boxed{42}$ ➡ $42÷7=\boxed{6}$

3 곱셈표를 이용하여 나눗셈의 몫을 구해 보세요.

❶ $54÷6=\boxed{9}$　　❷ $36÷9=\boxed{4}$　　❸ $64÷8=\boxed{8}$

4 8단 곱셈구구를 이용하여 빈칸에 알맞은 수를 써넣으세요.

÷8	24	32	40	48
	3	4	5	6

5 몫이 같은 나눗셈을 모두 찾아 ○표 하세요.

(48÷8)　27÷3　(12÷2)　20÷4

▶ 48÷8=6, 27÷3=9, 12÷2=6, 20÷4=5
⇒ 48÷8과 12÷2의 몫이 6으로 같습니다.

6 나눗셈의 몫을 구할 때 필요한 곱셈구구를 찾아 이어 보세요.

25÷5	6단 곱셈구구
24÷6	4단 곱셈구구
28÷4	5단 곱셈구구

3. 나눗셈 연습 문제

[1~8] □ 안에 알맞은 수를 써넣으세요.

1 $18 \div 2 = 9$ ➡ $2\overline{)18}$ = 9 ←몫

2 $56 \div 7 = 8$ ➡ $7\overline{)56}$ = 8

3 $21 \div 3 = 7$ ➡ $3\overline{)21}$ = 7

4 $16 \div 8 = 2$ ➡ $8\overline{)16}$ = 2

5 $2\overline{)14}$ = 7 ➡ $14 \div 2 = 7$

6 $8\overline{)24}$ = 3 ➡ $24 \div 8 = 3$

7 $5\overline{)40}$ = 8 ➡ $40 \div 5 = 8$

8 $6\overline{)48}$ = 8 ➡ $48 \div 6 = 8$

[9~11] 뺄셈식을 나눗셈식으로 나타내어 보세요.

9 $32 - 8 - 8 - 8 - 8 = 0$ ➡ $32 \div 8 = 4$

10 $35 - 7 - 7 - 7 - 7 - 7 = 0$ ➡ $35 \div 7 = 5$

11 $24 - 6 - 6 - 6 - 6 = 0$ ➡ $24 \div 6 = 4$

[12~13] 곱셈식을 나눗셈식으로 나타내어 보세요.

12 $7 \times 9 = 63$ < $63 \div 7 = 9$; $63 \div 9 = 7$

13 $6 \times 5 = 30$ < $30 \div 6 = 5$; $30 \div 5 = 6$

3. 나눗셈 단원 평가

1 그림을 보고 □ 안에 알맞은 수를 써넣으세요.

$25 \div 5 = 5$

2 뺄셈식을 나눗셈식으로 나타내어 보세요.

$21 - 7 - 7 - 7 = 0$ ➡ $21 \div 7 = 3$

[3~4] 딸기 24개가 있습니다. 물음에 답하세요.

3 딸기를 상자 3개에 똑같이 나누어 담으려고 합니다. 상자 한 개에 딸기를 몇 개씩 담을 수 있을까요?

식 $24 \div 3 = 8$ 답 _____8_____ 개

4 딸기를 상자 4개에 똑같이 나누어 담으려고 합니다. 상자 한 개에 딸기를 몇 개씩 담을 수 있을까요?

식 $24 \div 4 = 6$ 답 _____6_____ 개

5 몫이 가장 작은 나눗셈을 찾아 ○표 하세요.

$48 \div 8$ $18 \div 2$ ⟨$28 \div 7$⟩ $48 \div 6$

▶ $48 \div 8 = 6$, $18 \div 2 = 9$, $28 \div 7 = 4$, $48 \div 6 = 8$
몫이 가장 작은 나눗셈은 $28 \div 7$입니다.

6 주어진 곱셈식을 나눗셈식으로 나타낸 것을 모두 찾아 기호를 써 보세요.

$2 \times 9 = 18$

㉠ $18 \div 2 = 9$ ㉡ $18 \div 3 = 6$
㉢ $18 \div 6 = 3$ ㉣ $18 \div 9 = 2$

(㉠, ㉣)

7 9단 곱셈구구를 이용하여 몫을 구할 수 있는 나눗셈을 모두 찾아 기호를 써 보세요.

㉠ $20 \div 5$ ㉡ $72 \div 9$ ㉢ $40 \div 8$ ㉣ $54 \div 9$

▶ 나누는 수가 9인 ㉡과 ㉣은 9단 곱셈구구를 이용하여 (㉡, ㉣)
몫을 구할 수 있습니다.

8 볼펜이 6개씩 6묶음 있습니다. 볼펜을 한 사람에게 4개씩 나누어 주면 몇 명에게 나누어 줄 수 있을까요?

풀이 _____$6 \times 6 = 36$, $36 \div 4 = 9$_____   답 ____9____ 명

▶ 볼펜은 $6 \times 6 = 36$(개) 있습니다. 36개의 볼펜을 4개씩 나누어 주면 $36 \div 4 = 9$로 9명에게 나누어 줄 수 있습니다.

3. 나눗셈 — 실력 키우기

1 사과 12개를 봉지 3개에 똑같이 나누어 담으려고 합니다. 봉지 한 개에 사과를 몇 개씩 담을 수 있을까요?

식 $12 \div 3 = 4$ 답 4 개

2 28명이 자동차 한 대에 4명씩 타려고 합니다. 자동차는 몇 대 필요할까요?

식 $28 \div 4 = 7$ 답 7 대

3 학생 30명을 한 모둠에 6명씩 되도록 나누면 몇 모둠이 될까요?

식 $30 \div 6 = 5$ 답 5 모둠

4 색종이가 15장을 한 명에게 5장씩 주려고 합니다. 몇 명에게 나누어 줄 수 있을까요?

식 $15 \div 5 = 3$ 답 3 명

5 동물원에 있는 기린의 다리 수를 세어 보니 16개였습니다. 동물원에 있는 기린은 몇 마리일까요?

식 $16 \div 4 = 4$ 답 4 마리

▶ 기린의 다리는 4개이므로 동물원에 있는 기린은 16÷4=4(마리)입니다.

58

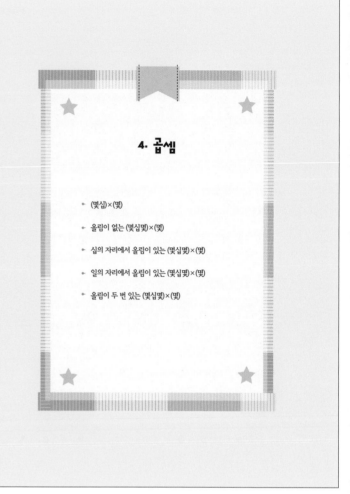

4. 곱셈

- (몇십)×(몇)
- 올림이 없는 (몇십몇)×(몇)
- 십의 자리에서 올림이 있는 (몇십몇)×(몇)
- 일의 자리에서 올림이 있는 (몇십몇)×(몇)
- 올림이 두 번 있는 (몇십몇)×(몇)

---

4. 곱셈 — (몇십)×(몇)

• 30×2의 계산

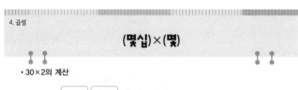

30씩 2묶음이면 30+30=60

30×2=60

$$\begin{array}{r} 3\,0 \\ \times\ \ 2 \\ \hline 6\,0 \end{array}$$

1 수 모형을 보고 □안에 알맞은 수를 써넣으세요.

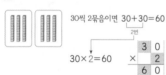

- 40+40= 80 입니다.
- 십 모형이 4개씩 2묶음 있으므로 4×2= 8 (개)입니다.
- 십 모형 8개는 일 모형 80 개와 같습니다.
- 따라서 40×2= 80 입니다.

2 그림을 보고 □안에 알맞은 수를 써넣으세요.

나비가 10마리씩 6줄 있습니다.
10+10+10+10+10+10= 60
➡ 10×6= 60

60

3 주어진 덧셈을 곱셈으로 바르게 나타낸 것을 찾아 ○표 하세요.

20+20+20   20×2   20×3
( )   (○)

▶ 20을 3번 더했으므로 20×3입니다.

4 보기와 같이 계산해 보세요.

보기 $3 \times 2 = 6$ ↓10배 ↓10배 $30 \times 2 = 60$

❶ $3 \times 3 = 9$ ↓10배 ↓10배 $30 \times 3 = 90$

❷ $2 \times 2 = 4$ ↓10배 ↓10배 $20 \times 2 = 40$

❸ $5 \times 2 = 10$ ↓10배 ↓10배 $50 \times 2 = 100$

5 계산해 보세요.

❶ $\begin{array}{r} 2\,0 \\ \times\ \ 4 \\ \hline 8\,0 \end{array}$
❷ $\begin{array}{r} 1\,0 \\ \times\ \ 9 \\ \hline 9\,0 \end{array}$
❸ $\begin{array}{r} 3\,0 \\ \times\ \ 3 \\ \hline 9\,0 \end{array}$

6 빈칸에 알맞은 수를 써넣으세요.

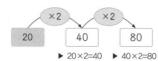

20 — ×2 → 40 — ×2 → 80

▶ 20×2=40 ▶ 40×2=80

60

61

4. 곱셈

올림이 없는 (몇십몇)×(몇)

• 12×3의 계산

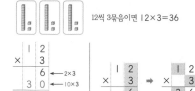

12씩 3묶음이면 12×3=36

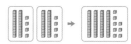

$$\begin{array}{r} 1\ 2 \\ \times\ \ \ 3 \\ \hline 6 \leftarrow 2\times3 \\ 3\ 0 \leftarrow 10\times3 \\ \hline 3\ 6 \end{array}$$

1 수 모형을 보고 □ 안에 알맞은 수를 써넣으세요.

• 일 모형은 4×2= **8** (개)입니다.
• 십 모형은 2×2= **4** (개)로 **40** 을 나타냅니다.
• 따라서 24×2= **48** 입니다.

2 그림을 보고 □ 안에 알맞은 수를 써넣으세요.

포도가 12송이씩 4줄 있습니다.
12+12+12+12= **48**
➡ 12×4= **48**

3 □ 안에 알맞은 수를 써넣으세요.

❶
$$\begin{array}{r} 3\ 1 \\ \times\ \ \ 2 \\ \hline 2 \\ 6\ 0 \\ \hline 6\ 2 \end{array}$$

❷
$$\begin{array}{r} 1\ 3 \\ \times\ \ \ 3 \\ \hline 9 \\ 3\ 0 \\ \hline 3\ 9 \end{array}$$

4 계산해 보세요.

❶
$$\begin{array}{r} 3\ 4 \\ \times\ \ \ 2 \\ \hline 6\ 8 \end{array}$$

❷
$$\begin{array}{r} 1\ 2 \\ \times\ \ \ 2 \\ \hline 2\ 4 \end{array}$$

❸
$$\begin{array}{r} 3\ 3 \\ \times\ \ \ 2 \\ \hline 6\ 6 \end{array}$$

5 계산 결과가 같은 것끼리 이어 보세요.

84= 42×2 ——— 21×4 =84
48= 12×4 ——— 22×3 =66
66= 11×6 ——— 24×2 =48

6 □ 안에 알맞은 수를 써넣으세요.

❶ 32× **3** =96
▶ 일의 자리 계산에서 2×□=6,
십의 자리 계산에서 3×□=9이므로
□=3입니다.

❷ 41× **2** =82
▶ 일의 자리 계산에서 1×□=2,
십의 자리 계산에서 4×□=8이므로
□=2입니다.

62 · 63

---

4. 곱셈

십의 자리에서 올림이 있는 (몇십몇)×(몇)

• 43×3의 계산

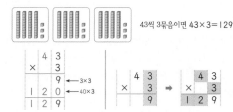

43씩 3묶음이면 43×3=129

$$\begin{array}{r} 4\ 3 \\ \times\ \ \ 3 \\ \hline 9 \leftarrow 3\times3 \\ 1\ 2\ 0 \leftarrow 40\times3 \\ \hline 1\ 2\ 9 \end{array}$$

1 수 모형을 보고 □ 안에 알맞은 수를 써넣으세요.

• 일 모형은 2×4= **8** (개)입니다.
• 십 모형은 4× **4** = **16** (개)이므로 **160** 을 나타냅니다.
• 따라서 42×4= **168** 입니다.

2 □ 안에 알맞은 수를 써넣으세요.

❶
$$\begin{array}{r} 2\ 1 \\ \times\ \ \ 6 \\ \hline 6 \leftarrow 1\times6 \\ 1\ 2\ 0 \leftarrow 20\times6 \\ \hline 1\ 2\ 6 \end{array}$$

❷
$$\begin{array}{r} 3\ 2 \\ \times\ \ \ 4 \\ \hline 8 \leftarrow 2\times4 \\ 1\ 2\ 0 \leftarrow 30\times4 \\ \hline 1\ 2\ 8 \end{array}$$

3 □ 안에 알맞은 수를 써넣으세요.

$$\begin{array}{r} 8\ 3 \\ \times\ \ \ 2 \\ \hline 6 \end{array} \Rightarrow \begin{array}{r} 8\ 3 \\ \times\ \ \ 2 \\ \hline 1\ 6\ 6 \end{array}$$

4 계산해 보세요.

❶
$$\begin{array}{r} 4\ 3 \\ \times\ \ \ 3 \\ \hline 1\ 2\ 9 \end{array}$$

❷
$$\begin{array}{r} 7\ 1 \\ \times\ \ \ 3 \\ \hline 2\ 1\ 3 \end{array}$$

❸
$$\begin{array}{r} 6\ 2 \\ \times\ \ \ 4 \\ \hline 2\ 4\ 8 \end{array}$$

❹ 82×3=246 ❺ 93×2=186 ❻ 51×5=255

5 잘못 계산한 곳을 찾아 바르게 계산해 보세요.

$$\begin{array}{r} 5\ 3 \\ \times\ \ \ 3 \\ \hline 9 \\ 1\ 5 \\ \hline 2\ 4 \end{array} \Rightarrow \begin{array}{r} 5\ 3 \\ \times\ \ \ 3 \\ \hline 9 \\ 1\ 5\ 0 \\ \hline 1\ 5\ 9 \end{array}$$

3×3=9
50×3=150
자릿값에 맞게 씁니다.

6 빈칸에 알맞은 수를 써넣으세요.

⊗→		
72	2	144
4		
288		

⊗↓

64 · 65

4. 곱셈

일의 자리에서 올림이 있는 (몇십몇)×(몇)

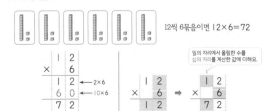

• 12×6의 계산

12씩 6묶음이면 12×6=72

```
    1 2
  ×   6
    1 2  ←2×6
    6 0  ←10×6
    7 2
```

일의 자리에서 올림한 수를 십의 자리를 계산한 값에 더해요.

```
    1 2        1 2
  ×   6   ➡  ×   6
                7 2
    1 2
```

1 수 모형을 보고 □ 안에 알맞은 수를 써넣으세요.

• 일 모형은 7×2= **14** (개)입니다.
• 십 모형은 3× **2** = **6** (개)이므로 **60** 을 나타냅니다.
• 따라서 37×2= **74** 입니다.

2 □ 안에 알맞은 수를 써넣으세요.

❶
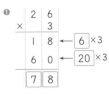
```
    2 6
  ×   3
    1 8  ← 6×3
    6 0  ← 20×3
    7 8
```

❷
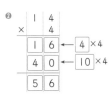
```
    1 4
  ×   4
    1 6  ← 4×4
    4 0  ← 10×4
    5 6
```

3 계산해 보세요.

❶
```
    1 5
  ×   3
    1 5
    3 0
    4 5
```

❷
```
    2 6
  ×   2
    1 2
    4 0
    5 2
```

❸
```
    4 8
  ×   2
    1 6
    8 0
    9 6
```

4 잘못 계산한 곳을 찾아 바르게 계산해 보세요.

```
    2 8          2 8
  ×   3    ➡   ×   3
    2 4          2 4   8×3=24
      6          6 0   20×3=60
    3 0          8 4   자릿값에 맞게 씁니다.
```

5 계산해 보세요.

❶
```
      1
    2 4
  ×   4
    9 6
```

❷
```
      1
    4 5
  ×   2
    9 0
```

❸
```
      2
    1 6
  ×   4
    6 4
```

6 계산 결과를 비교하여 ◯ 안에 >, =, <를 알맞게 써넣으세요.

❶ 14×6 ⟮ > ⟯ 27×3
  =84   =81

❷ 42×2 ⟮ = ⟯ 12×7
  =84   =84

---

4. 곱셈

올림이 두 번 있는 (몇십몇)×(몇)

• 35×4의 계산

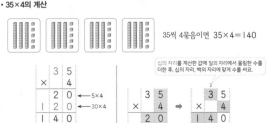

35씩 4묶음이면 35×4=140

```
    3 5
  ×   4
    2 0  ←5×4
  1 2 0  ←30×4
  1 4 0
```

십의 자리를 계산한 값에 일의 자리에서 올림한 수를 더한 후, 십의 자리, 백의 자리에 맞게 수를 써요.

```
    3 5        3 5
  ×   4   ➡  ×   4
                    2
    2 0      1 4 0
```

1 수 모형을 보고 □ 안에 알맞은 수를 써넣으세요.

• 일 모형은 5×3= **15** (개)입니다.
• 십 모형은 5× **3** = **15** (개)이므로 **150** 을 나타냅니다.
• 따라서 55×3= **165** 입니다.

2 계산해 보세요.

❶

```
    4 6
  ×   3
    1 8
  1 2 0
  1 3 8
```

❷
```
    7 5
  ×   3
    1 5
  2 1 0
  2 2 5
```

❸
```
    8 4
  ×   6
    2 4
  4 8 0
  5 0 4
```

3 곱셈식에서 ㉠이 실제로 나타내는 값은 얼마인지 써 보세요.

```
      1
    8 3          8 3
  ×   6    ×     6
    4 9 8        4 9 8
```
                    (**10**)

▶ ㉠은 일의 자리 계산 3×6=18에서 올림한 수 1을 십의 자리에 쓴 것이므로 실제 나타내는 값은 10입니다.

4 계산해 보세요.

❶
```
      1
    9 3
  ×   4
    3 7 2
```

❷
```
      4
    5 8
  ×   5
    2 9 0
```

❸
```
      4
    2 8
  ×   6
    1 6 8
```

5 계산 결과가 가장 큰 것을 찾아 번호를 써 보세요. (**⑤**)

❶ 42×6=252   ❷ 38×5=190   ❸ 25×4=100
❹ 57×2=114   ❺ 45×8=360

6 가장 큰 수와 가장 작은 수의 곱을 구해 보세요.

| 28 | 4 | 59 | 5 |

식 **59** × **4** = **236**   답 _236_

▶ (가장 큰 수)×(가장 작은 수)

4. 곱셈 　연습 문제

[1~22] 계산해 보세요.

1 10×6=$\boxed{60}$

2 20×5=$\boxed{100}$

3 14×2=$\boxed{28}$

4 24×2=$\boxed{48}$

5 61×7=$\boxed{427}$

6 82×3=$\boxed{246}$

7 25×3=$\boxed{75}$

8 16×5=$\boxed{80}$

9 58×3=$\boxed{174}$

10 75×2=$\boxed{150}$

11 63×4=$\boxed{252}$

12 86×5=$\boxed{430}$

13
```
  1 2
×   4
―――
  4 8
```

14
```
  2 3
×   3
―――
  6 9
```

15
```
  2 1
×   5
―――
1 0 5
```

16
```
  4 2
×   3
―――
1 2 6
```

17
```
  ³
  1 8
×   4
―――
  7 2
```

18
```
  ²
  2 7
×   3
―――
  8 1
```

19
```
  ⁵
  2 9
×   6
―――
1 7 4
```

20
```
  ²
  5 4
×   5
―――
2 7 0
```

21
```
  ²
  6 7
×   3
―――
2 0 1
```

22
```
  ²
  4 4
×   6
―――
2 6 4
```

---

4. 곱셈 　단원 평가

1 덧셈을 곱셈식으로 나타내려고 합니다. □ 안에 알맞은 수를 써넣으세요.

$$10+10+10+10 \Rightarrow 10\times\boxed{4}=\boxed{40}$$

2 수 모형을 보고 □ 안에 알맞은 수를 써넣으세요.

41×$\boxed{3}$=$\boxed{123}$

3 계산해 보세요.

❶
```
  5 1
×   3
―――
1 5 3
```

❷
```
    ¹
  7 5
×   2
―――
1 5 0
```

4 빈칸에 알맞은 수를 써넣으세요.

▶ 14×2=28　▶ 28×5=140

5 계산 결과가 같은 것끼리 이어 보세요.

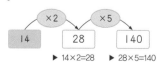

80= $\boxed{40\times2}$ ─┐ ┌─ 41×4 =164

164= $\boxed{82\times2}$ ─┤ ├─ 10×8 =80

54= $\boxed{27\times2}$ ─┘ └─ 18×3 =54

6 지민이는 줄넘기를 50번 했고, 동규는 지민이의 3배만큼 했습니다. 동규는 줄넘기를 몇 번 했나요?

식 _____50×3=150_____ 　답 __150__ 번

▶ (지민이가 넘은 줄넘기의 횟수)×3=(동규가 넘은 줄넘기의 횟수)입니다.

7 오른쪽 도형은 한 변의 길이가 16 cm인 정사각형입니다. 이 정사각형의 네 변의 길이의 합은 몇 cm인가요?

16 cm

식 _____16×4=64_____ 　답 __64__ cm

▶ (네 변의 길이의 합)=(한 변의 길이)×4=16×4=64(cm)입니다.

8 □ 안에 들어갈 수 있는 수를 모두 찾아 기호를 써 보세요.

$\boxed{} < 12\times7$ 　ⓐ 80　ⓑ 83　ⓒ 90　ⓓ 93

(　ⓒ, ⓓ 　)

▶ 12×7=84이므로 84보다 큰 수를 찾습니다.

9 어떤 수에 5를 곱해야 할 것을 잘못하여 더했더니 25가 되었습니다. 바르게 계산한 값을 구해 보세요.

(　100　)

▶ 어떤 수를 □라고 합니다. □+5=25, □=20
　바르게 계산하면 □×5이므로 20×5=100입니다.

10 한 상자에 25개씩 들어 있는 꿀떡 3상자와 한 상자에 36개씩 들어 있는 송편 2상자가 있습니다. 어느 떡이 몇 개 더 많은지 풀이 과정을 쓰고 답을 구해 보세요.

풀이 _____25×3=75, 36×2=72, 75-72=3_____

답 (　꿀떡　)이 (　3　)개 더 많습니다.

▶ 꿀떡: 25×3=75(개), 송편: 36×2=72(개)
　75>73, 75-72=3이므로 꿀떡이 3개 더 많습니다.

4. 곱셈   실력 키우기

1 사탕 한 개에 50원입니다. 사탕을 9개 사려면 얼마가 필요한가요?

식   50×9=450   답   450   원

▶ (사탕의 가격)×(사탕 수)입니다.

2 누나의 나이는 12살이고, 아버지의 나이는 누나의 나이의 4배입니다. 아버지의 나이는 몇 살인가요?

식   12×4=48   답   48   살

▶ (누나의 나이)×4=(아버지의 나이)입니다.

3 희망초등학교 3학년은 한 반에 21명씩 5개의 반이 있습니다. 희망초등학교 3학년 학생은 모두 몇 명인가요?

식   21×5=105   답   105   명

▶ (한 반의 학생 수)×(학급 수)입니다.

4 풍선이 한 봉지에 15개씩 들어 있습니다. 3봉지에 들어 있는 풍선은 모두 몇 개인가요?

식   15×3=45   답   45   개

▶ (한 봉지에 들어 있는 풍선 수)×(봉지 수)입니다.

5 농장에서 닭이 달걀을 매일 35개씩 낳았습니다. 닭이 7일 동안 낳은 달걀은 모두 몇 개인가요?

식   35×7=245   답   245   개

▶ (하루에 낳은 달걀 수)×7입니다.

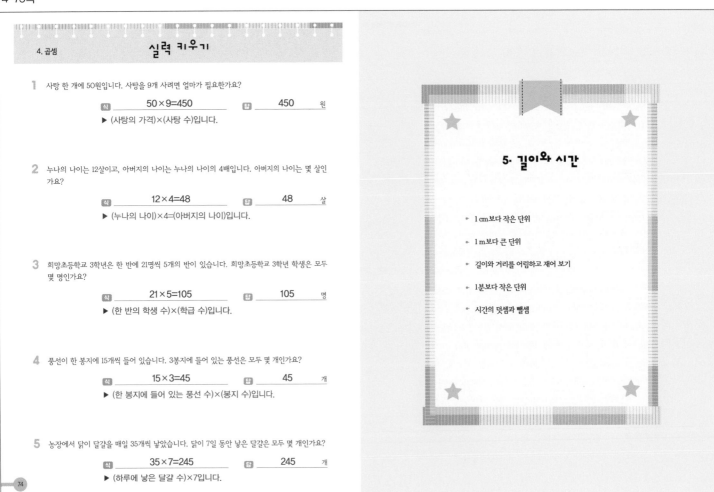

5. 길이와 시간

* 1 cm보다 작은 단위

* 1 m보다 큰 단위

* 길이와 거리를 어림하고 재어 보기

* 1분보다 작은 단위

* 시간의 덧셈과 뺄셈

---

5. 길이와 시간   1 cm보다 작은 단위

• 1 mm

1 cm를 10칸으로 똑같이 나누었을 때 작은 눈금 한 칸의 길이를 1 mm라 쓰고 1 밀리미터라고 읽습니다.

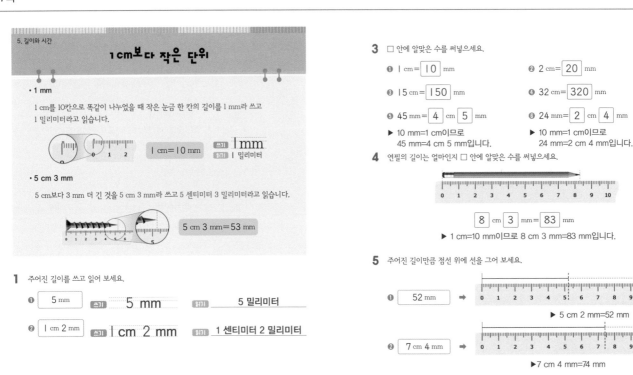

1 cm=10 mm   쓰기 **1mm**   읽기 1 밀리미터

• 5 cm 3 mm

5 cm보다 3 mm 더 긴 것을 5 cm 3 mm라 쓰고 5 센티미터 3 밀리미터라고 읽습니다.

5 cm 3 mm=53 mm

1 주어진 길이를 쓰고 읽어 보세요.

❶ 5 mm   쓰기 **5 mm**   읽기 5 밀리미터

❷ 1 cm 2 mm   쓰기 **1 cm 2 mm**   읽기 1 센티미터 2 밀리미터

2 수직선을 보고 □ 안에 알맞은 수를 써넣으세요.

0   **4** mm   1 cm

3 □ 안에 알맞은 수를 써넣으세요.

❶ 1 cm= **10** mm   ❷ 2 cm= **20** mm

❸ 15 cm= **150** mm   ❹ 32 cm= **320** mm

❺ 45 mm= **4** cm **5** mm   ❻ 24 mm= **2** cm **4** mm

▶ 10 mm=1 cm이므로   ▶ 10 mm=1 cm이므로
45 mm=4 cm 5 mm입니다.   24 mm=2 cm 4 mm입니다.

4 연필의 길이는 얼마인지 □ 안에 알맞은 수를 써넣으세요.

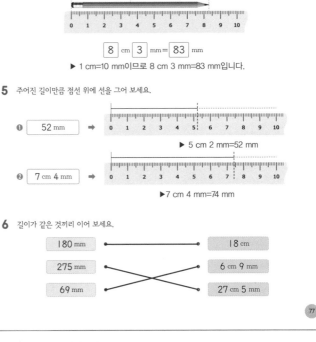

8 cm **3** mm= **83** mm

▶ 1 cm=10 mm이므로 8 cm 3 mm=83 mm입니다.

5 주어진 길이만큼 점선 위에 선을 그어 보세요.

❶ 52 mm ➡ 0 1 2 3 4 5 6 7 8 9 10

▶ 5 cm 2 mm=52 mm

❷ 7 cm 4 mm ➡ 0 1 2 3 4 5 6 7 8 9 10

▶7 cm 4 mm=74 mm

6 길이가 같은 것끼리 이어 보세요.

180 mm ●   ● 18 cm

275 mm ●   ● 6 cm 9 mm

69 mm ●   ● 27 cm 5 mm

5. 길이와 시간

1m보다 큰 단위

• 1 km

1000 m를 1 km라 쓰고 1 킬로미터라고 읽습니다.

$$1000 \text{ m} = 1 \text{ km}$$

쓰기 1 km
읽기 1 킬로미터

• 1 km 400 m

1 km보다 400 m 더 긴 것을 1 km 400 m라 쓰고 1 킬로미터 400 미터라고 읽습니다.

$$1 \text{ km } 400 \text{ m} = 1400 \text{ m}$$

1 주어진 길이를 쓰고 읽어 보세요.

❶ 5 km   쓰기 __5 km__   읽기 __5 킬로미터__

❷ 1 km 300 m   쓰기 __1 km 300 mm__   읽기 __1 킬로미터 300 미터__

2 □ 안에 알맞은 수를 써넣으세요.

❶ 3 km= 3000 m   ❷ 5 km= 5000 m

❸ 3400 m= 3 km 400 m   ❹ 6 km 300 m= 6300 m

❺ 2184 m= 2 km 184 m   ❻ 25 km 700 m= 25700 m

3 수직선에서 주어진 길이를 찾아 표시해 보세요.

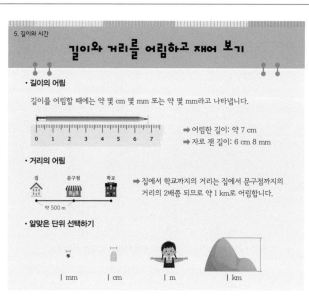

7 km ────── 8 km
7 km 200 m   7600 m

4 길이가 같은 것끼리 이어 보세요.

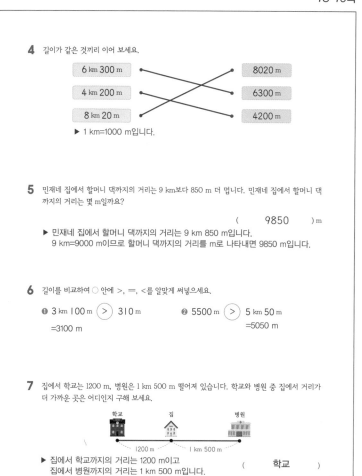

6 km 300 m   8020 m
4 km 200 m   6300 m
8 km 20 m   4200 m

▶ 1 km=1000 m입니다.

5 민재네 집에서 할머니 댁까지의 거리는 9 km보다 850 m 더 멉니다. 민재네 집에서 할머니 댁까지의 거리는 몇 m일까요?

(9850) m

▶ 민재네 집에서 할머니 댁까지의 거리는 9 km 850 m입니다.
9 km=9000 m이므로 할머니 댁까지의 거리를 m로 나타내면 9850 m입니다.

6 길이를 비교하여 ○ 안에 >, =, <를 알맞게 써넣으세요.

❶ 3 km 100 m (>) 310 m   ❷ 5500 m (>) 5 km 50 m
=3100 m   =5050 m

7 집에서 학교는 1200 m, 병원은 1 km 500 m 떨어져 있습니다. 학교와 병원 중 집에서 거리가 더 가까운 곳은 어디인지 구해 보세요.

학교   집   병원
1200 m   1 km 500 m

▶ 집에서 학교까지의 거리는 1200 m이고
집에서 병원까지의 거리는 1 km 500 m입니다.   (학교)
집에서 거리가 더 가까운 곳은 학교입니다.

5. 길이와 시간

길이와 거리를 어림하고 재어 보기

• 길이의 어림

길이를 어림할 때에는 약 몇 cm 몇 mm 또는 약 몇 mm라고 나타냅니다.

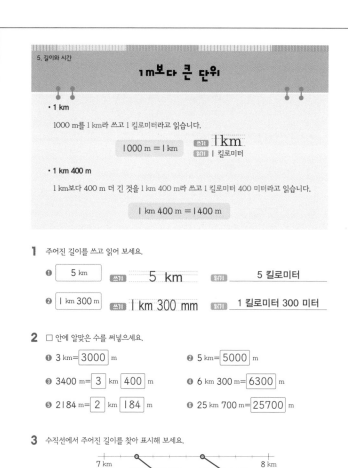

➡ 어림한 길이: 약 7 cm
➡ 자로 잰 길이: 6 cm 8 mm

• 거리의 어림

집   문구점   학교   ➡ 집에서 학교까지의 거리는 집에서 문구점까지의
약 500 m   거리의 2배쯤 되므로 약 1 km로 어림합니다.

• 알맞은 단위 선택하기

1 mm   1 cm   1 m   1 km

1 선의 길이를 어림하고 자로 재어 확인해 보세요.

어림한 길이	잰 길이
약 4 cm	4 cm 3 mm

2 알맞은 단위에 ○표 하세요.

• 연필의 길이는 약 18 (mm, (cm), m, km)입니다.
• 수학책의 두께는 약 10 ((mm), cm, m, km)입니다.
• 침대의 길이는 약 2 (mm, cm, (m), km)입니다.
• 한라산의 높이는 약 2 (mm, cm, m, (km))입니다.

3 길이가 1 km보다 긴 것을 모두 찾아 기호를 써 보세요.

┌─────────────────────────────────┐
│ ㉠ 책상의 가로 길이   ㉡ 버스의 길이   │
│ ㉢ 제주도의 둘레   ㉣ 서울에서 강릉까지의 거리 │
└─────────────────────────────────┘

(㉢, ㉣)

▶ ㉠, ㉡은 1 km보다 길이가 짧습니다.

4 지도를 보고 거리를 어림해 보세요. (단, 기차역에서 병원까지의 거리는 약 1 km입니다.)

❶ 병원에서 도서관까지의 거리 ➡ 약 1000 m ▶ 1 km=1000 m입니다.

❷ 학교에서 기차역까지의 거리 ➡ 약 3 km

❸ 집에서 도서관까지의 거리 ➡ 약 2 km

▶ 점과 점 사이의 거리는 약 1 km입니다.

5 민호의 일기입니다. 일기를 읽고 민호가 파란색 길을 따라 걸은 거리를 수직선에 나타내고 이날 민호는 모두 몇 km를 걸었는지 구해 보세요.

〈가족과 함께한 산책 길〉
가족들과 함께 산책을 갔다. 입구에서 빨간색 길을 따라서 약수터를 지나 전망대까지 1 km 700 m를 걸었다. 돌아오는 길에는 파란색 길을 따라 호수 주변을 2300 m 걸었다. 즐거운 하루였다.

0 ──── 1 km ──── 2 km ──── 3 km ──── 4 km
1 km 700 m   2 km 300 m
(4) km

▶ 2300 m=2 km 300 m이므로 1 km 700 m와 2 km 300 m를
수직선에 나타내면 4 km입니다.

5. 길이와 시간

1분보다 작은 단위

· 1초

초바늘이 작은 눈금 한 칸을 가는 동안 걸리는 시간을 1초라고 합니다.

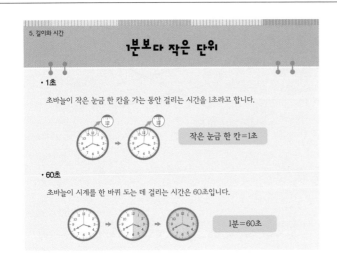

작은 눈금 한 칸=1초

· 60초

초바늘이 시계를 한 바퀴 도는 데 걸리는 시간은 60초입니다.

1분=60초

1 시각을 읽어 보세요.

❶

$\boxed{2}$ 시 $\boxed{30}$ 분 $\boxed{10}$ 초

❷
$\boxed{11}$ 시 $\boxed{10}$ 분 $\boxed{30}$ 초

❸
 1:25:20
$\boxed{1}$ 시 $\boxed{25}$ 분 $\boxed{20}$ 초

❹
7:45:55
$\boxed{7}$ 시 $\boxed{45}$ 분 $\boxed{55}$ 초

2 시각에 맞게 초바늘을 그려 보세요.

 6:15:50

▶ 초바늘이 시계의 숫자 10을 가리키도록 그립니다.

3 보기를 참고하여 □ 안에 알맞은 수를 써넣으세요.

보기 1분=60초   2분=120초   3분=180초

❶ 1분 10초 = $\boxed{60}$ 초 + 10초 = $\boxed{70}$ 초

❷ 2분 30초 = $\boxed{120}$ 초 + 30초 = $\boxed{150}$ 초

❸ 3분 20초 = $\boxed{180}$ 초 + 20초 = $\boxed{200}$ 초

❹ 210초 = $\boxed{3}$ 분 $\boxed{30}$ 초   ▶ 210초=180초+30초=3분 30초

❺ 100초 = $\boxed{1}$ 분 $\boxed{40}$ 초   ▶ 100초=60초+40초=1분 40초

❻ 185초 = $\boxed{3}$ 분 $\boxed{5}$ 초   ▶ 185초=180초+5초=3분 5초

4 보기에서 알맞은 단위를 찾아 □ 안에 써넣으세요.

보기   초 분 시간

❶ 50 m를 달리는 데 약 15 $\boxed{초}$ 이/가 걸렸습니다.

❷ 서울에서 강릉까지 기차를 타고 3 $\boxed{시간}$ 이/가 걸렸습니다.

❸ 잠자기 전에 양치를 3 $\boxed{분}$ 동안 했습니다.

5. 길이와 시간

시간의 덧셈과 뺄셈

· 올림이 없는 시간의 덧셈과 내림이 없는 시간의 뺄셈

시는 시끼리 분은 분끼리, 초는 초끼리 계산합니다.

시간의 덧셈
1 시 10 분 20 초
+ 2 시간 20 분 30 초
3 시 30 분 50 초

시간의 뺄셈
3 시 40 분 50 초
− 1 시간 20 분 30 초
2 시 20 분 20 초

· 올림이 있는 시간의 덧셈과 내림이 있는 시간의 뺄셈

1분=60초, 1시간=60분이므로 시간을 더하고 뺄 때에는 60을 기준으로 받아올림 또는 받아내림하여 계산합니다.

올림이 있는 시간의 덧셈
1
5 시 15 분 50 초
+ 2 시간 10 분 30 초
7 시 26 분 20 초

80초=60초+20초=1분+20초이므로 1분을 올림하여 계산합니다.

내림이 있는 시간의 뺄셈
29   60
5 시 30 분 20 초
− 1 시간 20 분 40 초
4 시 9 분 40 초

20초에서 40초를 뺄 수 없으므로 30분에서 1분(60초)을 내림하여 계산합니다.

1 시간의 덧셈을 계산해 보세요.

❶
  20 분 25 초
+ 20 분 20 초
$\boxed{40}$ 분 $\boxed{45}$ 초

❷
  30 분 15 초
+ 5 분 5 초
$\boxed{35}$ 분 $\boxed{20}$ 초

❸
  1 시 10 분 20 초
+ 2 시간 20 분 30 초
$\boxed{3}$ 시 $\boxed{30}$ 분 $\boxed{50}$ 초

❹
  5 시 50 분 30 초
+ 3 시간 5 분 16 초
$\boxed{8}$ 시 $\boxed{55}$ 분 $\boxed{46}$ 초

2 시간의 뺄셈을 계산해 보세요.

❶
  30 분 35 초
− 15 분 20 초
$\boxed{15}$ 분 $\boxed{15}$ 초

❷
  55 분 25 초
− 13 분 14 초
$\boxed{42}$ 분 $\boxed{11}$ 초

❸
  3 시 30 분 50 초
− 1 시간 10 분 20 초
$\boxed{2}$ 시 $\boxed{20}$ 분 $\boxed{30}$ 초

❹
  8 시 28 분 33 초
− 3 시간 13 분 16 초
$\boxed{5}$ 시 $\boxed{15}$ 분 $\boxed{17}$ 초

3 시간의 계산에서 잘못 계산한 곳을 찾아 바르게 계산해 보세요.

  3 시 30 분
+   40 분
  3 시 70 분

⇒

  ¹
  3 시 30 분
+   40 분
$\boxed{4}$ 시 $\boxed{10}$ 분

▶ 70분 = 1시간 10분인데 1시간을 받아올림하지 않고 그대로 썼습니다.

4 세정이는 5시 10분부터 1시간 30분 동안 영화를 봤습니다. 영화가 끝난 시각은 몇 시 몇 분인지 시계에 나타내고 구해 보세요.

  1시간 30분 후 ➡

▶ 나타내는 시각이 6시 40분이므로 짧은바늘이 6과 7 사이를 가리키도록 그립니다.
$\boxed{6}$ 시 $\boxed{40}$ 분

▶ 5시 10분에 1시간 30분을 더하면 영화가 끝난 시각입니다.

  5 시 10 분
+ 1 시간 30 분
  6 시 40 분

5 기차 승차권을 보고 서울에서 춘천까지 기차를 타고 가는 데 걸리는 시간은 몇 시간 몇 분인지 구해 보세요.

  11 시 50 분
− 10 시 15 분
  1 시간 35 분

🚄 승차권
20○○년 5월 4일
서울 ▶ 춘천
10:15   11:50

$\boxed{1}$ 시간 $\boxed{35}$ 분

▶ 도착 시각에서 출발 시각을 빼면 걸리는 시간을 구할 수 있습니다.

5. 길이와 시간 — 연습 문제

1 보기와 같이 □ 안에 알맞은 수를 써넣으세요.

보기 125 mm = 12 cm 5 mm

① 135 mm = 13 cm 5 mm ② 64 mm = 6 cm 4 mm
③ 372 mm = 37 cm 2 mm ④ 98 mm = 9 cm 8 mm
⑤ 189 mm = 18 cm 9 mm ⑥ 207 mm = 20 cm 7 mm

2 보기와 같이 □ 안에 알맞은 수를 써넣으세요.

보기 1800 m = 1 km 800 m

① 3200 m = 3 km 200 m ② 1240 m = 1 km 240 m
③ 5780 m = 5 km 780 m ④ 2400 m = 2 km 400 m
⑤ 1050 m = 1 km 50 m ⑥ 4850 m = 4 km 850 m

3 □ 안에 알맞은 수를 써넣으세요.

① 90초 = 1분 30초 = 60초+30초 ② 1분 50초 = 110초 = 60초+50초
③ 210초 = 3분 30초 = 180초+30초 ④ 2분 20초 = 140초 = 120초+20초
⑤ 490초 = 8분 10초 = 480초+10초 ⑥ 4분 40초 = 280초 = 240초+40초
⑦ 365초 = 6분 5초 = 360초+5초 ⑧ 3분 50초 = 230초 = 180초+50초

4 □ 안에 알맞은 수를 써넣으세요.

① 1분 15초 + 4분 35초 = 5분 50초
② 15분 14초 + 11분 22초 = 26분 36초
③ 37분 16초 + 18분 40초 = 55분 56초

④ 14분 45초 − 2분 19초 = 12분 26초
⑤ 28분 55초 − 13분 24초 = 15분 31초
⑥ 48분 41초 − 17분 27초 = 31분 14초

⑦ 5분 30초 + 3분 50초 = 9분 20초
▶ 30초+50초=80초이므로 60초+20초=1분 20초입니다. 1분을 받아올림합니다.
⑧ 50분 45초 + 3분 25초 = 54분 10초
▶ 45초+25초=70초이므로 60초+10초=1분 10초입니다. 1분을 받아올림합니다.
⑨ 40분 38초 + 13분 47초 = 54분 25초
▶ 38초+47초=85초이므로 60초+25초=1분 25초입니다. 1분을 받아올림합니다.

⑩ 3분 30초 − 1분 40초 = 2분 50초 (3→60)
▶ 30초−40초를 계산할 수 없으므로 1분을 받아내림하여 (60초+30초)−40초를 계산합니다.
⑪ 25분 15초 − 11분 20초 = 14분 55초 (25→60)
▶ 15초−20초를 계산할 수 없으므로 1분을 받아내림하여 (60초+15초)−20초를 계산합니다.
⑫ 24분 7초 − 17분 10초 = 7분 57초 (24→60)
▶ 7초−10초를 계산할 수 없으므로 1분을 받아내림하여 (60초+7초)−10초를 계산합니다.

5. 길이와 시간 — 단원 평가

1 수직선을 보고 □ 안에 알맞은 수를 써넣으세요.
3 cm [34] mm 4 cm

2 볼펜의 길이는 얼마인지 □ 안에 알맞은 수를 써넣으세요.
7 cm 5 mm
▶ 2 cm에서 시작하기 때문에 9 cm 5 mm에서 2 cm를 뺀 길이가 볼펜의 길이입니다.

3 길이가 짧은 것부터 차례로 기호를 써 보세요.
㉠ 2 km 100 m ㉡ 2 km 400 m ㉢ 2000 m ㉣ 2 km 50 m
(㉢, ㉣, ㉠, ㉡)
▶ ㉢ 2000 m=2 km이므로 길이가 짧은 것부터 차례로 쓰면 ㉢ 2 km, ㉣ 2 km 50 m, ㉠ 2 km 100 m, ㉡ 2 km 400 m입니다.

4 알맞은 것끼리 이어 보세요.
가위의 길이 — 약 20 cm
교과서의 두께 — 약 15 mm
한강 다리의 길이 — 약 1 km

5 집에서 도서관까지의 거리는 약 몇 km 몇 m일까요?
집 · 은행 · 체육관 · 도서관 약 500 m
약 1 km 500 m
▶ 집에서 도서관까지의 거리는 집에서 은행까지의 거리의 3배쯤 되므로 약 1 km 500 m입니다.

6 시각을 읽어 보세요.
① 7시 10분 55초
② 3시 35분 30초

7 □ 안에 알맞은 수를 써넣으세요.
① 5분 50초 = 350초 ▶ 5분 50초=300초+50초=350초
② 329초 = 5분 29초 ▶ 329초=300초+29초=5분 29초

8 계산해 보세요.
① 6시 24분 40초 + 3시간 14분 30초 = 9시 39분 10초
▶ 70초=1분 10초이므로 1분을 받아올림합니다.
② 8시 20분 43초 − 4시간 15분 22초 = 4시 5분 21초

9 유섭이는 3시부터 1시간 15분 동안 그림을 그렸습니다. 그림 그리기가 끝난 시각은 몇 시 몇 분인지 구해 보세요.
▶ 3시에 1시간 15분을 더하면 그림을 다 그리고 난 시각이므로 3시+1시간 15분=4시 15분입니다.
4시 15분

10 동훈이가 3분 15초 동안 피아노를 연주했더니 9시 40분 30초가 되었습니다. 동훈이가 연주를 시작한 시각은 몇 시 몇 분 몇 초인지 구해 보세요.
▶ 9시 40분 30초보다 3분 15초 전의 시각을 구하려면 뺄셈을 합니다.
9시 40분 30초 − 3분 15초 = 9시 37분 15초
9시 37분 15초

5. 길이와 시간 **실력 키우기**

1 연필의 길이는 12 cm보다 5 mm 더 깁니다. 연필의 길이는 몇 mm인지 구해 보세요.

▶ 12 cm 5 mm=125 mm입니다.

(125) mm

2 가양대교는 1 km보다 700 m 더 깁니다. 가양대교의 길이는 몇 m인지 구해 보세요.

▶ 1 km 700 m=1700 m입니다.

(1700) m

3 희망천 산책로의 길이는 4350 m이고, 구름천 산책로의 길이는 4 km 800 m입니다. 산책로의 길이가 더 긴 곳은 어디인지 구해 보세요.

(구름천)

▶ 4350 m=4 km 350 m입니다.
4 km 350 m(희망천)<4 km 800 m(구름천)이므로 구름천 산책로가 더 깁니다.

4 6시 25분 10초에 피자를 배달 주문했습니다. 피자를 만들어 집까지 배달하는 데 걸리는 시간이 30분 30초라면 피자가 집에 배달되는 시각은 몇 시 몇 분 몇 초인지 구해 보세요.

(6)시 (55)분 (40)초

▶ 6시 25분 10초에 30분 30초를 더합니다.

5 노래를 민서는 125초 동안, 윤지는 2분 30초 동안 불렀습니다. 윤지는 민서보다 노래를 몇 초 동안 더 불렀는지 구해 보세요.

(25)초

▶ 윤지가 노래를 부른 시간을 초로 바꾸어 나타내면 2분 30초=120초+30초=150초 입니다. 윤지가 민서보다 노래를 더 부른 시간은 150초−125초=25초입니다.

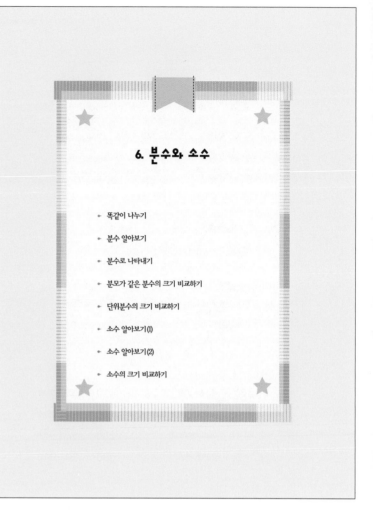

6. 분수와 소수

- 똑같이 나누기
- 분수 알아보기
- 분수로 나타내기
- 분모가 같은 분수의 크기 비교하기
- 단위분수의 크기 비교하기
- 소수 알아보기(1)
- 소수 알아보기(2)
- 소수의 크기 비교하기

---

6. 분수와 소수 **똑같이 나누기**

• 똑같이 둘로 나누기

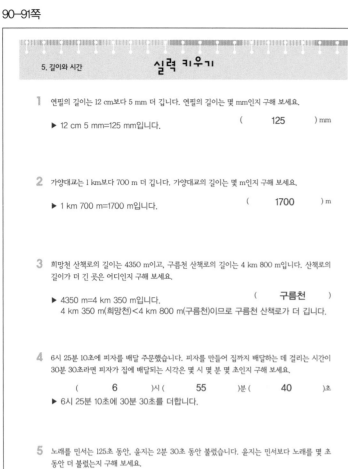

똑같이 나누어진 조각의 모양과 크기는 같습니다.

1 똑같이 나누어진 도형을 찾아 ○표 하세요.

(○)   (   )   (   )

▶ 모양과 크기가 모두 같은 것을 찾습니다.

2 똑같이 셋으로 나누어진 도형을 찾아 ○표 하세요.

(   )   (   )   (   )   (○)

3 똑같이 넷으로 나누어진 도형을 찾아 ○표 하세요.

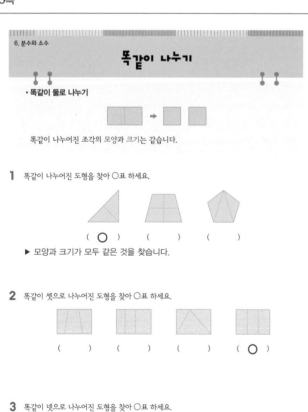

(   )   (○)   (   )   (   )

4 똑같이 몇 조각으로 나눈 것인지 □ 안에 알맞은 수를 써넣으세요.

❶ ➡ 4 조각   ❷ ➡ 6 조각   ❸ ➡ 4 조각

5 도형을 나누고 바르게 설명한 것에 ○표 하세요.

똑같이 넷으로 나누었어.   똑같이 셋으로 나누었어.

(   )   (○)

▶ ▷, △은 모양과 크기가 다릅니다.

6 선을 그어 사각형을 주어진 수만큼 똑같이 나누어 보세요.

❶ 2   ❷ 4   ❸ 8

7 선을 그어 원을 주어진 수만큼 똑같이 나누어 보세요.

❶ 2   ❷ 4   ❸ 8

▶ 원의 중심을 지나가도록 선을 긋습니다.

6. 분수와 소수

분수 알아보기

전체를 똑같이 셋(3)으로 나눈 것 중의 하나(1)를 $\frac{1}{3}$이라 쓰고 3분의 1이라고 읽습니다.

$\frac{1}{3} = \frac{분자}{분모} = \frac{부분}{전체}$

1 □ 안에 알맞은 수를 써넣으세요.

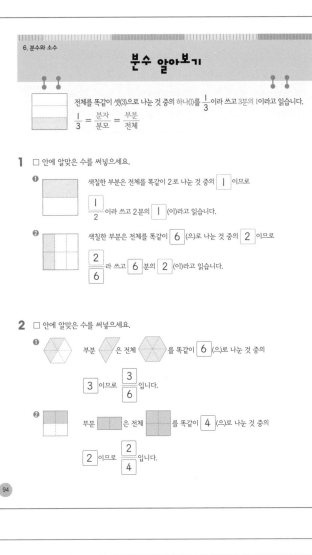

❶ 색칠한 부분은 전체를 똑같이 2로 나눈 것 중의 1 이므로

$\frac{1}{2}$이라 쓰고 2분의 1 (이)라고 읽습니다.

❷ 색칠한 부분은 전체를 똑같이 6 (으)로 나눈 것 중의 2 이므로

$\frac{2}{6}$라 쓰고 6 분의 2 (이)라고 읽습니다.

2 □ 안에 알맞은 수를 써넣으세요.

❶ 부분 은 전체 를 똑같이 6 (으)로 나눈 것 중의

3 이므로 $\frac{3}{6}$ 입니다.

❷ 부분 은 전체 를 똑같이 4 (으)로 나눈 것 중의

2 이므로 $\frac{2}{4}$ 입니다.

3 $\frac{1}{2}$만큼 색칠한 것을 모두 찾아 ○표 하세요.

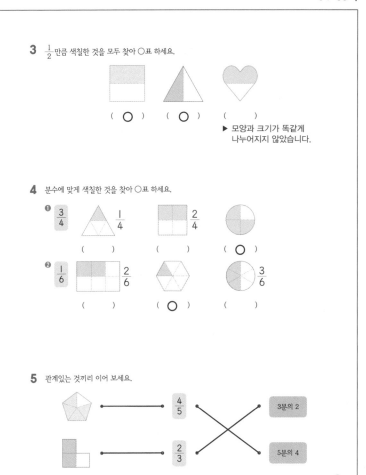

(○)   (○)   (   )

▶ 모양과 크기가 똑같게 나누어지지 않았습니다.

4 분수에 맞게 색칠한 것을 찾아 ○표 하세요.

❶ $\frac{3}{4}$ $\frac{1}{4}$ $\frac{2}{4}$

(   )   (   )   (○)

❷ $\frac{1}{6}$ $\frac{2}{6}$ $\frac{3}{6}$

(   )   (○)   (   )

5 관계있는 것끼리 이어 보세요.

$\frac{4}{5}$ —— 3분의 2

$\frac{2}{3}$ —— 5분의 4

---

6. 분수와 소수

분수로 나타내기

· 색칠한 부분을 분수로 나타내기

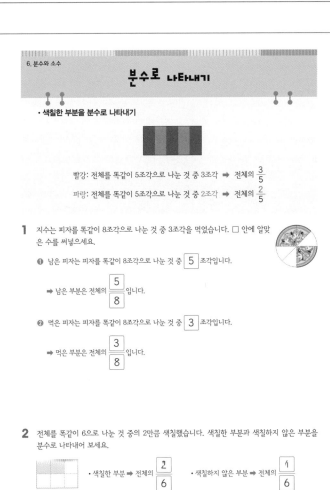

빨강: 전체를 똑같이 5조각으로 나눈 것 중 3조각 ➡ 전체의 $\frac{3}{5}$

파랑: 전체를 똑같이 5조각으로 나눈 것 중 2조각 ➡ 전체의 $\frac{2}{5}$

1 지수는 피자를 똑같이 8조각으로 나눈 것 중 3조각을 먹었습니다. □ 안에 알맞은 수를 써넣으세요.

❶ 남은 피자는 피자를 똑같이 8조각으로 나눈 것 중 5 조각입니다.

➡ 남은 부분은 전체의 $\frac{5}{8}$ 입니다.

❷ 먹은 피자는 피자를 똑같이 8조각으로 나눈 것 중 3 조각입니다.

➡ 먹은 부분은 전체의 $\frac{3}{8}$ 입니다.

2 전체를 똑같이 6으로 나눈 것의 2만큼 색칠했습니다. 색칠한 부분과 색칠하지 않은 부분을 분수로 나타내어 보세요.

· 색칠한 부분 ➡ 전체의 $\frac{2}{6}$ · 색칠하지 않은 부분 ➡ 전체의 $\frac{4}{6}$

3 주어진 분수만큼 색칠해 보세요.

❶ $\frac{1}{5}$ 예   ❷ $\frac{3}{4}$ 예   ❸ $\frac{2}{6}$ 예

4 초콜릿의 남은 부분과 먹은 부분을 분수로 나타내어 보세요.

· 남은 부분 ➡ 전체의 $\frac{8}{9}$ · 먹은 부분 ➡ 전체의 $\frac{1}{9}$

5 부분 을 보고 전체에 알맞은 도형을 찾아 ○표 하세요.

부분 ◇ 은 전체를 똑같이 4로 나눈 것 중의 2입니다.

$\frac{2}{6}$ $\frac{2}{3}$

(   )   (○)   (   )   (   )

▶ 주어진 모양과 다릅니다.

6 보기 와 같이 부분을 보고 전체를 그려 보세요.

보기 $\frac{1}{3}$ ❶ 예 $\frac{1}{4}$ ❷ 예 $\frac{1}{6}$

▶ 전체가 4칸이 되도록 그립니다.   ▶ 전체가 6칸이 되도록 그립니다.

6. 분수와 소수
분모가 같은 분수의 크기 비교하기

• $\frac{2}{6}$와 $\frac{4}{6}$의 크기 비교

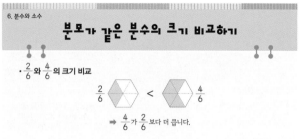

$$\frac{2}{6} < \frac{4}{6}$$

➡ $\frac{4}{6}$가 $\frac{2}{6}$보다 더 큽니다.

분모가 같은 분수는 분자가 클수록 더 큰 분수입니다.

1 각각 $\frac{2}{5}$와 $\frac{4}{5}$만큼 색칠하고, 알맞은 말에 ○표 하세요.

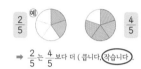

➡ $\frac{2}{5}$는 $\frac{4}{5}$보다 더 (큽니다, (작습니다)).

2 각각 $\frac{4}{7}$와 $\frac{6}{7}$만큼 색칠하고, ○ 안에 >, =, <를 알맞게 써넣으세요.

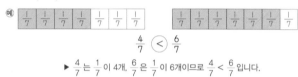

$$\frac{4}{7} < \frac{6}{7}$$

▶ $\frac{4}{7}$는 $\frac{1}{7}$이 4개, $\frac{6}{7}$은 $\frac{1}{7}$이 6개이므로 $\frac{4}{7} < \frac{6}{7}$입니다.

3 주어진 분수만큼 색칠하고, ○ 안에 >, =, <를 알맞게 써넣으세요.

❶ 예 $\frac{2}{3}$ > $\frac{1}{3}$ ❷ $\frac{2}{4}$ < $\frac{3}{4}$

4 두 분수의 크기를 비교하여 ○ 안에 >, =, <를 알맞게 써넣으세요.

❶ $\frac{7}{8}$ > $\frac{3}{8}$ ❷ $\frac{5}{9}$ < $\frac{8}{9}$

▶ 분모가 같은 분수의 크기를 비교할 때 분자가 더 큰 분수가 큽니다.

5 분모가 11인 분수 중에서 $\frac{3}{11}$보다 크고 $\frac{9}{11}$보다 작은 분수를 모두 찾아 써 보세요.

($\frac{8}{11}, \frac{5}{11}, \frac{4}{11}$)

▶ 분모가 같으므로 분자가 3보다 크고 9보다 작은 분수를 찾습니다.

6 수지와 은우의 대화를 읽고, 보기에서 알맞은 분수를 찾아 써 보세요.

보기 $\frac{5}{7}$ $\frac{1}{7}$ $\frac{3}{7}$

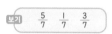

수지: $\frac{2}{7}$보다 큰 수야.
은우: $\frac{1}{7}$이 4개인 수보다는 작아.

($\frac{3}{7}$)

▶ $\frac{2}{7}$보다 크고 $\frac{4}{7}$보다 작은 분수를 보기에서 찾으면 $\frac{3}{7}$입니다.

7 1부터 9까지의 수 중에서 □ 안에 들어갈 수 있는 수를 모두 써 보세요.

$$\frac{\square}{6} < \frac{4}{6}$$

(1, 2, 3)

▶ $\frac{4}{6}$보다 작은 분수가 되려면 분자에 올 수 있는 수는 4보다 작아야 하므로 1, 2, 3입니다.

6. 분수와 소수
단위분수의 크기 비교하기

• $\frac{1}{2}$과 $\frac{1}{4}$의 크기 비교

단위분수: 분수 중에서 $\frac{1}{2}$, $\frac{1}{3}$, $\frac{1}{4}$과 같이 분자가 1인 분수

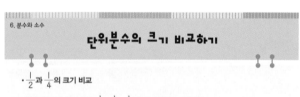

$$\frac{1}{2} > \frac{1}{4}$$

➡ $\frac{1}{2}$이 $\frac{1}{4}$보다 더 큽니다.

단위분수는 분모가 작을수록 더 큰 수입니다.

1 □ 안에 알맞은 수를 써넣으세요.

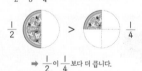

$$\frac{1}{5} < \frac{1}{4} < \frac{1}{3} < \frac{1}{2}$$

▶ 단위분수는 분모가 작을수록 더 큰 수입니다.

2 그림을 보고 ○ 안에 >, =, <를 알맞게 써넣으세요.

$\frac{1}{8}$ < $\frac{1}{4}$

3 각각 $\frac{1}{2}$과 $\frac{1}{4}$만큼 색칠하고, ○ 안에 >, =, <를 알맞게 써넣으세요.

예 $\frac{1}{2}$ > $\frac{1}{4}$

4 두 분수의 크기를 비교하여 ○ 안에 >, =, <를 알맞게 써넣으세요.

❶ $\frac{1}{3}$ > $\frac{1}{7}$ ❷ $\frac{1}{8}$ < $\frac{1}{5}$ ❸ $\frac{1}{9}$ > $\frac{1}{10}$

5 동규와 유섭이가 먹고 남은 피자의 양을 분수로 나타내고, 남은 피자가 더 많은 친구의 이름을 써 보세요.

동규 $\frac{1}{3}$ 유섭 $\frac{1}{6}$ (동규)

6 단위분수의 크기를 비교하여 크기가 작은 분수부터 차례로 써 보세요.

$$\frac{1}{12} < \frac{1}{8} < \frac{1}{7} < \frac{1}{3}$$

▶ 단위분수는 분모가 작을수록 더 큰 수입니다.

7 현지, 민수, 정후는 길이가 똑같은 리본을 1개씩 가지고 있습니다. 친구들의 대화를 읽고 리본을 가장 많이 사용한 사람의 이름을 써 보세요.

현지: 나는 리본을 전체의 $\frac{1}{4}$만큼 사용했어.
민수: 나는 리본을 전체의 $\frac{1}{2}$만큼 사용했어.
정후: 나는 리본을 전체의 $\frac{1}{8}$만큼 사용했어.

(민수)

6. 분수와 소수

소수 알아보기 (1)

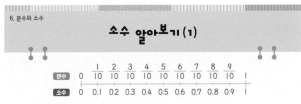

- 0.1, 0.2, 0.3과 같은 수를 소수라고 하고, ' . '을 소수점이라고 합니다.
- 분수 $\frac{1}{10}$ 을 0.1이라고 쓰고 영 점 일이라고 읽습니다.

1 □ 안에 알맞은 수를 써넣으세요.

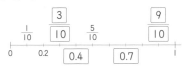

2 색칠한 부분을 소수로 나타내고 읽어 보세요.

❶ 0.1이 3 개인 수 쓰기 (0.3) 읽기 (영 점 삼)

❷ 0.1이 7 개인 수 쓰기 (0.7) 읽기 (영 점 칠)

3 ── 부분을 분수와 소수로 나타내어 보세요.

분수 $\frac{5}{10}$ 소수 0.5

▶ $\frac{1}{10}$ =0.1을 5칸만큼 색칠했습니다.

4 주어진 소수만큼 색칠해 보세요.

❶ 0.7

▶ 7칸만큼 색칠합니다.

❷ 0.9

▶ 9칸만큼 색칠합니다.

5 분수를 소수로, 소수를 분수로 나타내어 보세요.

❶ $\frac{5}{10}$ = 0.5

❷ $\frac{9}{10}$ = 0.9

❸ 0.2 = $\frac{2}{10}$

❹ 0.7 = $\frac{7}{10}$

6 나타내는 수만큼 색칠하고, 분수와 소수로 나타내어 보세요.

❶ 0.1이 8개인 수

분수 $\frac{8}{10}$ 소수 0.8

❷ 0.1이 4개인 수

분수 $\frac{4}{10}$ 소수 0.4

7 □ 안에 알맞은 수를 써넣으세요.

❶ 0.1이 5개인 수를 소수로 나타내면 0.5 입니다.

❷ $\frac{1}{10}$ 이 6개인 수를 분수로 나타내면 $\frac{6}{10}$ 이고, 소수로 나타내면 0.6 입니다.

6. 분수와 소수

소수 알아보기 (2)

4와 0.3만큼을 4.3이라고 쓰고 사 점 삼이라고 읽습니다.

1 그림을 보고 □ 안에 알맞은 소수나 말을 써넣으세요.

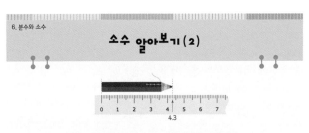

색칠한 부분은 2와 0.4만큼이므로

색칠한 부분을 소수로 나타내면 2.4 라고 쓰고 이 점 사 라고 읽습니다.

2 그림을 보고 □ 안에 알맞은 수를 써넣으세요.

❶ ── 부분을 소수로 나타내면 2.7 입니다.

❷ ── 부분은 0.1이 27 개입니다.

3 수직선을 보고 □ 안에 알맞은 소수를 써넣으세요.

0.3 km   1.5 km

▶ 작은 눈금 한 칸은 0.1 km이므로
작은 눈금 3칸은 0.3 km입니다.

▶ 1 km에서 작은 눈금 5칸을
더 갔으므로 1.5 km입니다.

4 주어진 소수만큼 색칠해 보세요.

❶ 1.9

▶ 1보다 0.1을 9칸 더 색칠합니다.

❷ 2.3

▶ 2보다 0.1을 3칸 더 색칠합니다.

5 □ 안에 알맞은 수를 써넣으세요.

❶ 8 cm 1 mm = 8.1 cm

❷ 12 cm 8 mm = 12.8 cm

❸ 57 mm = 5.7 cm

❹ 63 mm = 6.3 cm

6 물이 모두 몇 컵인지 소수로 나타내어 보세요.

(3.4)컵

▶ 3컵에 0.4컵이 더 있으므로 3.4컵입니다.

7 관계있는 것끼리 이어 보세요.

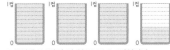

0.1이 41개인 수 ──── 2.9

0.1이 29개인 수 ──── 5.5

0.1이 55개인 수 ──── 4.1

▶ 0.1이 10개인 수는 1입니다.

6. 분수와 소수

소수의 크기 비교하기

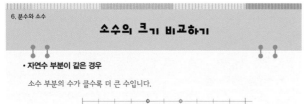

• 자연수 부분이 같은 경우

소수 부분의 수가 클수록 더 큰 수입니다.

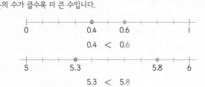

0.4 < 0.6

5.3 < 5.8

• 자연수 부분이 다른 경우

자연수 부분의 수가 클수록 더 큰 수입니다.

1.7 < 2.8

1 색칠한 부분을 소수로 나타내고, ○ 안에 >, =, <를 알맞게 써넣으세요.

0.3 (<) 0.8

2 주어진 소수만큼 색칠하고, ○ 안에 >, =, <를 알맞게 써넣으세요.

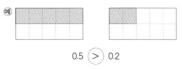

0.5 (>) 0.2

3 소수를 수직선에 ━로 나타내고, ○ 안에 >, =, <를 알맞게 써넣으세요.

1.4 (>) 1.2

4 두 소수의 크기를 비교하여 ○ 안에 >, =, <를 알맞게 써넣으세요.

❶ 3.8 (<) 5.4   ❷ 7.5 (<) 8.8

▶ 먼저 자연수 부분을 비교합니다. 자연수 부분의 수가 큰 수가 더 큽니다.

5 소수를 각각 수직선에 나타내고 작은 소수부터 차례로 써 보세요.

1.2   2.1   2.6   0.5

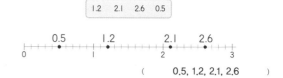

(0.5, 1.2, 2.1, 2.6)

6 가장 큰 수를 찾아 기호를 써 보세요.

㉠ 0.1이 5개인 수   ㉡ $\frac{6}{10}$
㉢ 0.1이 12개인 수   ㉣ 1보다 0.7만큼 더 큰 수

(㉣)

▶ ㉠ 0.5 ㉡ 0.6 ㉢ 1.2 ㉣ 1.7

6. 분수와 소수

연습 문제

1 주어진 분수만큼 색칠해 보세요.

❶ $\frac{2}{3}$

❷ $\frac{6}{8}$

2 색칠한 부분과 색칠하지 않은 부분을 분수로 나타내어 보세요.

• 색칠한 부분 ➡ 전체의 $\frac{4}{10}$ • 색칠하지 않은 부분 ➡ 전체의 $\frac{6}{10}$

3 두 분수의 크기를 비교하여 ○ 안에 >, =, <를 알맞게 써넣으세요.

❶ $\frac{2}{6}$ (<) $\frac{4}{6}$ ❷ $\frac{2}{7}$ (<) $\frac{6}{7}$

❸ $\frac{5}{10}$ (<) $\frac{7}{10}$ ❹ $\frac{6}{9}$ (>) $\frac{3}{9}$

▶ 분모가 같은 분수의 크기를 비교할 때 분자가 더 큰 수가 큽니다.

4 두 단위분수의 크기를 비교하여 ○ 안에 >, =, <를 알맞게 써넣으세요.

❶ $\frac{1}{2}$ (>) $\frac{1}{4}$ ❷ $\frac{1}{7}$ (<) $\frac{1}{3}$

❸ $\frac{1}{10}$ (>) $\frac{1}{12}$ ❹ $\frac{1}{5}$ (>) $\frac{1}{8}$

▶ 단위분수는 분모가 작을수록 더 큰 수입니다.

5 분수를 소수로 나타내어 보세요.

❶ $\frac{1}{10}$ = 0.1   ❷ $\frac{3}{10}$ = 0.3

❸ $\frac{9}{10}$ = 0.9   ❹ $\frac{5}{10}$ = 0.5

6 □ 안에 알맞은 수나 말을 써넣으세요.

❶ 0.1이 8개이면 0.8 이고 영 점 팔 (이)라고 읽습니다.

❷ 0.1이 12개이면 1.2 이고 일 점 이 (이)라고 읽습니다.

❸ 3.1는 0.1이 31 개이고 삼 점 일 (이)라고 읽습니다.

❹ 5.5는 0.1이 55 개이고 오 점 오 (이)라고 읽습니다.

7 □ 안에 알맞은 수를 써넣으세요.

❶ 2 cm 4 mm = 2.4 cm   ❷ 1 cm 8 mm = 1.8 cm

❸ 63 mm = 6.3 cm   ❹ 32 mm = 3.2 cm

▶ 63 mm=6 cm 3 mm입니다.   ▶ 32 mm=3 cm 2 mm입니다.

8 두 소수의 크기를 비교하여 ○ 안에 >, =, <를 알맞게 써넣으세요.

❶ 2.1 (<) 4.4   ❷ 3.5 (<) 8.6

❸ 1.2 (>) 0.4   ❹ 12.5 (>) 10.9

▶ 먼저 자연수 부분을 비교합니다.

6. 분수와 소수 단원 평가

1 똑같이 나누어진 도형을 찾아 ○표 하세요.

( ) ( ) (○) ( )

2 관계있는 것끼리 이어 보세요.

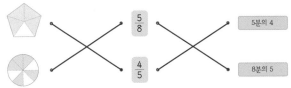

3 두 분수의 크기를 비교하여 ○ 안에 >, =, <를 알맞게 써넣으세요.

❶ $\frac{3}{6}$ < $\frac{5}{6}$ ❷ $\frac{7}{9}$ > $\frac{4}{9}$ ❸ $\frac{2}{11}$ < $\frac{6}{11}$

4 가장 큰 분수에 ○표, 가장 작은 분수에 △표 하세요.

5 가장 큰 분수와 가장 작은 분수를 찾아 써 보세요.

가장 큰 분수 ($\frac{1}{2}$)

가장 작은 분수 ($\frac{1}{10}$)

6 색칠한 부분을 분수와 소수로 나타내어 보세요.

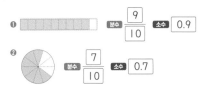

❶ 분수 $\frac{9}{10}$ 소수 0.9

❷ 분수 $\frac{7}{10}$ 소수 0.7

7 □ 안에 알맞은 수를 써넣으세요.

❶ 4.8은 0.1이 48 개입니다.   ❷ 0.1이 73개이면 7.3 입니다.

8 0.4보다 크고 $\frac{8}{10}$보다 작은 수는 모두 몇 개일까요?

0.6 $\frac{7}{10}$ 0.3 $\frac{9}{10}$ 0.5

(3)개

▶ $\frac{8}{10}$=0.8이므로 0.4보다 크고 0.8보다 작은 수는 0.6, $\frac{7}{10}$=0.7, 0.5입니다.

9 종이띠 1 m를 똑같이 10조각으로 나누었습니다. 민후는 10조각 중에서 2조각을 사용했고, 수영이는 10조각 중에서 4조각을 사용했습니다. 민후와 수영이가 사용한 종이띠의 길이만큼 색칠하고 소수로 나타내어 보세요.

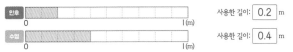

사용한 길이: 0.2 m

사용한 길이: 0.4 m

10 삼촌네 밭 전체의 $\frac{5}{10}$에는 감자를, $\frac{1}{10}$에는 가지를 심었습니다. 아직 채소를 심지 않은 부분은 전체의 얼마인지 소수로 나타내어 보세요.

▶ 전체의 $\frac{5}{10}$와 $\frac{1}{10}$만큼은 농작물을 심었으므로 아무것도 (0.4) 심지 않은 밭은 $\frac{4}{10}$ 입니다. $\frac{4}{10}$를 소수로 나타내면 0.4입니다.

---

6. 분수와 소수 실력 키우기

1 색종이를 똑같이 8조각으로 잘라서 민지는 3조각, 혜정이는 5조각을 가졌습니다. 민지와 혜정이가 가진 색종이의 양을 분수로 나타내어 보세요.

• 민지가 가진 색종이의 양 ➡ $\frac{3}{8}$ • 혜정이가 가진 색종이의 양 ➡ $\frac{5}{8}$

2 할아버지 댁 텃밭 전체를 똑같이 6부분으로 나누었습니다. 전체의 $\frac{2}{6}$에는 당근을 심었고, 나머지 부분에는 호박을 심으려고 합니다. 호박을 심을 부분은 전체의 얼마인지 분수로 나타내어 보세요.

호박을 심을 부분 ➡ $\frac{4}{6}$

3 현수네 집에서 학교까지의 거리는 $\frac{4}{10}$ km이고, 슈퍼마켓까지의 거리는 $\frac{9}{10}$ km입니다. 학교와 슈퍼마켓 중 집에서 더 가까운 곳은 어디인지 구해 보세요.

(학교)

▶ $\frac{4}{10}$ < $\frac{9}{10}$ 이므로 학교가 더 가깝습니다.

4 피자 한 판을 똑같이 10조각으로 나누었습니다. 민서는 전체의 $\frac{3}{10}$만큼 먹었고, 주호는 전체의 0.5만큼 먹었습니다. 피자를 더 많이 먹은 사람은 누구인지 구해 보세요.

(주호)

▶ $\frac{3}{10}$=0.3입니다. 0.3<0.5이므로 주호가 더 많이 먹었습니다.

5 몸무게가 1년 동안 택수는 3.5 kg, 승민이는 2.8 kg 늘었습니다. 몸무게가 더 많이 늘어난 사람은 누구인지 구해 보세요.

(택수)

▶ 3.5>2.8이므로 택수의 몸무게가 더 많이 늘었습니다.